부산대학교
최고의 과학자들이 내딛는

과학적 대중화의
가치있는 첫 걸음

부산대학교 교양총서
알짜배기 자연과학 2

Seaweeds and Climate Change

해조류 바다숲과 기후변화
- 해조가 답이다.

정 익 교 지음

부산대학교출판문화원

서 문

얼마 전까지만 해도 일부 기후 과학자들만이 학술적으로 논의하던 지구온난화는 이제는 일상생활의 대화에서 빼놓을 수 없는 중요한 화제가 되었다. 특히 1차 산업 혁명 이후 화석연료는 지금까지 인류 문명의 발달을 이끌어 가는 원동력이다. 그러나 화석연료의 사용량 급증으로 대기로 방출된 이산화탄소가 지구온난화의 주원인이란 것도 이제는 부정할 수 없는 불편한 진실이다. 인간 활동에 의한 지구환경의 변화는 궁극적으로 인간을 포함한 생명체의 생존을 위협하고 있다. 2015년 모든 당사국이 채택한 파리협정은 지구 평균온도가 2℃ 이상 상승하지 않도록 온실가스 배출량을 단계적으로 감축하고, 모든 국가가 자발적으로 정하는 '국가결정기여(Nationally Determined Contribution: NDC)'를 제출하도록 하고 있다. 이를 위해 다양한 온실가스 감축과 기후변화에 대한 적응 방안을 모색해야 한다.

잠시 눈을 돌려 숲이 있는 산을 보자. 누구나 녹색 식물이 광합성 작용을 통하여 이산화 탄소를 흡수한다는 것을 알고 있다. 즉 숲은 교토메커니즘에서 인증한 유일한 온실가스 흡수원이다. 그렇다면, 지구 표면의 70%를 차지하고 있는 바닷속에는 숲이 없을까?

알짜배기 자연과학, '해조류 바다숲과 기후변화 - 해조가 답이다'에서는 바다숲을 이루는 해조류를 기후변화에 대응한 온실가스 감축과 적응 방안으로 어떻게 활용할 수 있는지 함께 생각해 본다. 흡수원, 바이오 에너지, 사료, 비료, 종이 등의 감축 방안과, 해양산성화, 해안 보호 및 산소 공급 등의 적응 방안을 제시하여 기후변화 대응 방안에 대한 정보를 함께하고자 한다. 이를 바탕으로 국제적인 인증을 받기 위한 부산대학교 연구진의 활동을 소개하였다. 부록으로 해조류의 다양성과 해조 양식 산업에 대한 정보를 제공하여 해조에 대한 지식이 풍성해지도록 구성하였다.

목 차

목 차

1 바다와 해조류

동트는 새벽 바다, 해지는 저녁 바다 노을은 경치 그 이상의 것을 우리에게 주고 있다. 바다는 겉으로 드러난 모습 그 자체로도 신비롭다. 때때로 폭풍우를 동반한 태풍이 몰아치거나, 쓰나미가 밀려올 때는 혼돈의 상태이지만, 지나고 나면 가없이 펼쳐진 수평선에 잔잔한 수면과 해변을 적시는 파도 그리고 미풍은 평화로움 그 자체이다. 흔히 "아는 만큼 보인다"라고 하지만, 바다는 그렇지 않은 것 같다.

갯바위나 갯벌에서 잽싸게 움직이는 게나 갯강구 그리고 조간대 웅덩이에 담겨 있는 작은 물고기가 바닷가 해변과 갯바위 산책의 재미를 더해 준다. 멀리 방파제 중간쯤에 보이는 검은 띠는 담치 군락이고, 그 위쪽 하얀 띠는 따개비들의 군락이다. 바닷물이 적시는 곳에는 녹색의 파래 군집의 띠가 선명하게 보인다. 이렇게 우리에게 익숙한 바닷가 모습은 전체 해양 면적 중 아주 작은 부분인 조간대의 모습이다.

바다는 지구표면의 70%를 차지하고, 평균 수심이 약 3,800 m인 공간에 바닷물로 채워져 있다. 제일 깊은 곳은 10,000 m를 넘는다. 물속과 해저에 해양생물이 살고 있다. 광활한 바다에 다양한 생물들이 엄청나게 많이 살고 있지만, 쉽게 볼 수 없다.

바다에는 개구리와 몇몇 곤충을 제외하면 모든 종류의 생물, 바이러스부터 거대한 포유동물인 향유고래까지 살고 있다. 우선 사는 곳과 행동에 따라 이들을 무리로 나누어 정리하는 것이 편리하다. 정리해보면 물에 떠다니며 사는 부유생물(플랑크톤)과 헤엄치는 유영동물(넥톤)과 바닥에 사는 저서생물(벤토스)로 나눌 수 있다. 또는 계통분류학을 기준으로 다양한 분류군(종)으로 구성된 종 다양성으로 나누어 볼 수 있다. 최근에는 유전 정보로 분석하는 방법도 활용되고 있다.

개략적으로 해양생물학자들은 228,000종 이상의 해양생물 종을 확인(동정)했다.[1] 이 숫자는 새로운 생명체가 발견되면서 끊임없이 증가하고 있다. 최근에 10년 동안 80여 개국에서 2,700여 과학자가 참여한 '해양생물 개체수조사'에서 6천여 신종을 보고한 바 있다. 아직도 발견의 시대는 끝나지 않았다. 대학의 해양학과 또는 생물학과에서 강의하는 해양생물 관련 과목인 플랑크톤 생물학, 무척추 동물학, 어류학, 조류학 등은 적어도 한 학기 동안 다루어야 하는 주제이다. 누구도 혼자 이들 모두에 대하여 정통한 전문가가 되는 것은 어렵고, 여기에서도 이들을 전부 다 다룰 수는 없다.

해양생물이란 무엇인가? 당연히 바다에 사는 생물이다. 여기에는 바닷새도 포함된다. 해양생물을 연상하면 무엇이 제일 먼저 머리에 떠오르는가? 아마도 고래일 것이다. 실제로 살아서 헤엄치는 고래를 바다에서 직접 본 사람은 많지 않다. 고래 관광 크루즈에서도 수면 위로 나온 고래를 볼 기회는 흔하지 않다. 그렇지만 수족관 대부분과 해양박물관에서는 고

---

1 해양생물개체수조사 (Census of Marine Life: CoML) : 전 세계 80여 개국 2,700여 명의 해양생물학자가 참여하여 2001년부터 2010년까지 10년 동안 해양생물의 다양성과 분포와 풍(부)도를 알기 위해 진행된 국제적인 연구 프로그램이다. ☞ http://www.coml.org

래 뼈나 모형을 전시하고 있으며, 해양생물을 다룬 다큐멘터리 영상에서도 고래는 으뜸이다. 고래의 특이한 활동을 다루기도 하고, 문학작품, 영화에서도 고래는 자주 등장하고 있다. 고래 다음으로는 산란을 위해 거침없이 거슬러 올라가는 연어 등 어류가 주인공이다.

그렇다면 해양생물 중에서 잘 다루어지지 않은 종류는 어떤 것인가? 해양생물 중에서 하는 일은 중요하지만, 상대적으로 따돌림을 당하는 종류는 무엇인가? 다음 질문에서 아마도 그 대상을 짐작할 수 있을 것이다.

질문 1. 갯녹음은 어떤 현상이며 왜 일어나나요?
질문 2. 바다식목일은 무슨 날인가요?

질문의 답은 둘 다 해조류와 관련 있다. 갯녹음이란 해양오염, 조식동물 증가, 기후변화 등 복합요인으로 갯바위에서 엽상 해조류가 사라지고 각상 석회조류만 남아 있는 현상을 뜻한다. 현재 갯녹음 피해 면적은 여의도 면적의 약 58배에 달하며, 계속 증가하고 있다. 갯녹음이 심해지면, 바다숲이 사라지고, 연안 생태계가 파괴되어, 궁극적으로 수산자원이 감소하게 된다. 이를 회복하기 위해 '바다숲 조성 사업'을 추진하고 있다.[2]

바다식목일은 매년 5월 10일이며 바닷속에 해조류를 심는 날이다. 바닷속 생태계의 중요성과 황폐화의 심각성을 국민에게 알리고, 범국민적인 관심 속에서 바다숲이 조성될 수 있도록 우리나라가 제정한 국가기념일이다. 해조류를 심으면 갯녹음 현상을 해결하고 수산생물의 서식처 및 산란장을 복원하여 연근해 어업 생산량이 늘어날 것이다.

---

2 바다숲 조성 사업 ☞ https://www.fira.or.kr

해조류란 무엇인가? 바다에 사는 조류(藻類, 단수 alga, 복수 algae)를 뜻하며 우리말은 바닷말이다. 조류는 육상식물을 제외한 모든 광합성 생물을 통칭하는 것으로서, 어떤 특정한 분류군을 지칭하는 분류학 용어가 아니라 매우 다양한 분류군을 포함하는 일반적인 명칭이다. 조류를 크기로 구분하면, 현미경으로 관찰이 가능한 미세조류와 손으로 만질 수 있는 크기의 대형조류로 나누어 볼 수 있다. 김, 미역, 다시마, 파래 등은 대형조류이며, 우리가 식용하는 해조류이다. 미세조류도 배양하여 클로렐라, 스피룰리나 등을 건강보조 식품으로 먹고 있다.

해조류는 광합성 색소인 엽록소를 바탕으로 홍조소(피코에리트린), 청조소(피코시아닌), 갈조소(푸코크산틴), 카로틴 등의 보조색소의 구성으로 나타나는 색으로 분류하여, 홍조류(김, 우뭇가사리), 갈조류(미역, 다시마, 톳), 그리고 녹조류(파래, 매생이)로 구분한다. 미역, 김 등은 전통적인 해조 음식이고, 최근 조미김과 해조 샐러드는 식문화의 변화를 주도하는 수산식품의 하나이다. 일부 홍조류와 갈조류에서 추출한 해조 콜로이드 성분은 식품 첨가제와 약품, 화장품 등에 사용되고 있다. 또한, 다양한 천연물도 추출되고 있다. 여기까지는 해조류에 조금이라고 관심이 있다면 알 수 있는 상식이다.

해조류는 다양한 분야에서 우리의 일상생활과 관련하여 도움을 주고 있다. 해조류는 중요 수산식품과 식품 첨가물로 활용되고, 다양한 생활용품의 원료로 해조류가 쓰이고 있으며, 많은 양의 해조류가 연안에서 재배되고 있다. 간혹 파래가 대량으로 번성하여 바다를 뒤덮어버리거나 떠다니는 모자반 해조류가 양식장을 덮쳐 관광과 양식 산업에 피해를 주기도 한다.

해조 양식장과 자연 해조 군집(바다숲, 해중림)의 존재는 여러 측면에서 중요한 생태 기능이 있다. 수산생물의 서식처로 생태계를 회복시키고, 생산력을 증가시켜서 수산업의 활성화를 가져온다. 해조류가 생육하면서 흡수하는 영양염은 부영양화된 해역의 수질을 정화하고, 부산물로 생성되는 산소는 빈 산소 수역에 산소를 공급한다. 생산된 해조 바이오매스는 바이오 에탄올 등 청정 바이오 에너지로 전환할 수 있고, 웰빙 식품이며 비타민, 미네랄 등 인체에 유용한 성분을 많이 함유하고 있어 의약품, 식용 산업용 기능성 물질을 추출할 수 있다. 즉 생태 측면에서 해조 양식장과 천연 해조숲은 다양한 형태의 생태계 서비스를 제공하고 있다. 이들 중에서 최근 인류사회가 직면하고 있는 기후변화와 온실가스 감축 및 적응에 대한 해결방안으로 해조류가 새롭게 인식되고 있다. 어떻게 해조류가 기후변화에 활용되는 솔루션이 될 수 있는가?

학습 요약 정리 1

1. 해양생물은 사는 곳과 행동에 따라 부유생물(플랑크톤), 유영동물(넥톤)과 저서생물(벤토스)로 나눈다.

2. 갯녹음이란 해양오염, 조식동물 증가, 기후변화 등 복합요인으로 갯바위에서 엽상 해조류가 사라지고 각상 석회조류만 남아 있는 현상이다.

3. 바다식목일은 매년 5월 10일이며 바닷속에 해조류를 심는 날이며 국가기념일이다.

4. 해조류는 광합성 색소인 엽록소와 보조색소를 바탕으로 홍조류, 갈조류, 그리고 녹조류로 구분한다.

5. 해조류는 수산식품과 식품 첨가물로 활용되고, 다양한 생활용품의 원료이다.

2

해조류 바다숲과 기후변화
- '해조 솔루션(Seaweed Solution)'

2.1 어떻게 답이 될 수 있을까? - 해조류 바다숲의 기후변화 완화와 적응 방안

육상의 산림이 이산화탄소 흡수원인 것과 같이 바다의 해조숲도 이산화탄소를 흡수하여 저장하는 흡수원이다. 해조류가 생산하는 바이오 연료로 화석연료를 대체하여 온실가스 배출을 줄일 수 있다. 또한 해조류로 종이를 만들어 숲을 보존할 수 있다. 그리고, 해조 양식장은 지구온난화로 인한 해수면 상승과 강한 태풍으로 밀려오는 파도의 영향으로부터 연안을 보호하고, 해양 산성화를 완화하며, 광합성 부산물인 산소를 공급하여 건강한 바다를 유지할 수 있다. 따라서 해조류는 기후변화의 원인인 온실가스를 감축하고, 동시에 산성화를 완화하고 산소를 공급하는 적응 방안이 될 수 있다. 이러한 해조 솔루션(Seaweed Solution)을 실행하는 방안으로 탄소제로해조마을(Carbon Zero Seaweed Town: CØST)을 제시한다.

2.2 파리협정과 신기후체제

세계는 지금 기후변화와 지구온난화 대책 마련에 애쓰고 있다. 2015년 12월 12일 제21차 당사국총회(프랑스 파리)는 '파리협정'을 채택하였다.

이는 교토의정서 체제는 막을 내리고 신기후체제로 전환된다는 것이다. 이와 관련하여 세계 각국은 온실가스 감축을 기정사실로 받아들여 모두가 이를 극복하기 위한 자발적인 기여를 약속하고 대책 개발에 노력하고 있다. 계속해서 화석연료 사용을 줄여 온실가스를 감축하는 것은 물론, 기후변화에 따른 손실과 피해에 적응하는 대안도 함께 모색 중이다. 지구온난화와 에너지 위기가 동시에 진행되면서 이미 선진국 중심으로 탄소배출권 시장, 신재생에너지 등 녹색시장과 녹색산업을 국가의 신성장동력으로 활용하면서 선도하고 있다. 저탄소 녹색성장은 선택이 아니라 어쩔 수 없이 받아들여야 하는 필연적인 것이다. 선진국이 주도하고 있는 온실가스 감축과 기후변화 적응에 수동적으로 따르는 것은 미래의 성장동력을 포기하는 것이다. 파리협정에서는 모든 당사국에 국가결정기여(NDC)를 제출할 의무를 부과하여 기후변화 대응에 동참하도록 하였다. 이를 기회로 새로운 감축과 적응 기술을 창출하여 선도적인 역할을 할 수 있는 분야를 찾아야 한다.

국가결정기여에 대한 답을 해조류에서 찾을 수 있다. 우리나라는 세계 4위의 해조류 생산국임과 동시에 양식 기술도 세계를 선도하는 수준이며, 부산대학교 해양연구소가 주관하여 수행한 '해조류를 이용한 온실가스 저감연구(2006-2011)'로 이미 감축과 관련된 기술도 확보하고 있다. 또한, 2005년에 자발적으로 결성된 아시아태평양조류학회(Asian Pacific Phycological Association: APPA)의 실무반(Working Group) 네트워크에서 우리가 주도적인 역할을 하고 있어서 아시아의 지역적인 협력과 연대에서 전 지구적인 공동체 구축도 가능하다. 이제 어떻게 해조류가 온실가스 저감 연구에 답이 될 수 있는지 살펴보자.

2.3 해조류 바다숲을 이용한 감축(완화) 방안

2.3.1 해조 흡수원

감축(mitigation of climate change)이란 온실가스 배출원을 줄이거나 흡수원을 강화하기 위한 인간의 개입을 의미한다. 최근 기후변화 대응 이산화탄소 흡수원으로 해조류에 관한 관심이 높아지고 있다. 즉 해조류가 이산화탄소 흡수원으로 열대우림보다 우월한 효과가 있다는 연구 결과가 나오는 등 온실가스 저감 목적으로 해조류로 조성한 바다숲이 가능성을 보여주고 있다. 우리는 처음으로 '해조류를 이용한 온실가스 저감 연구'에서 '연안역 이산화탄소 저감 벨트(Coastal CO_2 Removal Belt: CCRB)'라는 개념을 도입하여 다년생 갈조류인 감태로 조성한 모의 해조 청정체제개발(Clean Development Mechanism: CDM) 사업장에서 실험한 결과, 연간 헥타르당 최소한 15t의 이산화탄소 저감량을 확인하였다(Chung et al., 2013). CCRB 개념을 적용하여 연안역에서 다양한 사업의 형태로 흡수원을 개발할 수 있다. 해조 양식장이나 해조 조림을 이용한 바다숲도 가능하다. 그림 1은 CCRB의 모식도이다. 해양에서 켈프숲, 감축 및 적응 국가결정기여 바다숲 사업장, 해조 양식장 등은 모두

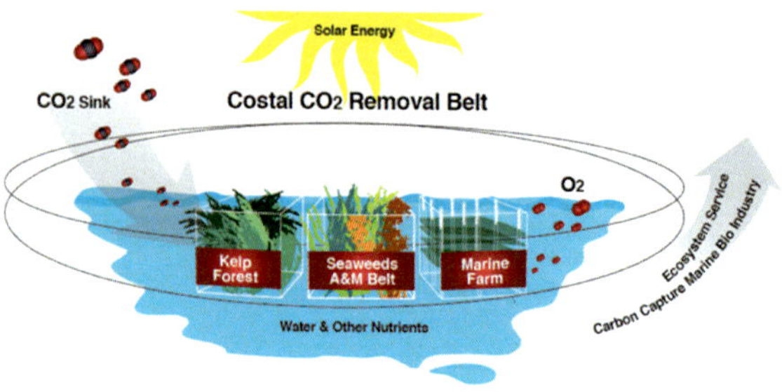

<그림1> 연안역 이산화탄소 제거 벨트(CCRB) 모식도

CCRB 이며, 광합성을 통해 이산화탄소를 감축할 수 있다. CCRB는 통상 개념적으로는 모든 연안역 식생이 포함되지만, 실행 정의는 유엔기후변화협약(United Nations Framework Convention on Climate Change: UNFCCC)의 흡수원 인증을 받아, 추가로 만들어져야 하며, 검증된 방법으로 사업계획서(Project Design Document: PDD)에 의해 운영되는 것이 CCRB 이다.

CCRB를 이용한 모의 해조류 CDM 사업은 지금까지는 국내를 비롯한 아시아권에서만 논의가 이뤄졌다. 지난 10여 년의 노력으로 최근 국제기구에서도 이에 관한 관심을 나타내고 있고, 유네스코(United Nations Educational, Scientific and Cultural Organization: UNESCO)에서 해조류의 이산화탄소 흡수력에 대하여 함께 논의하였다. 그러나 아직 해조류는 CDM 흡수원 사업으로 인정받지 못하고 있다. 기존의 흡수원 사업을 벤치마킹하여 사업계획서 초안을 만들었지만, 해조류는 생육 조건부터 수명을 다하기까지 육상의 산림 또는 연안의 맹그로브와 매우 달라, 탄소배출권 조림사업(Afforestation/Reforestation CDM: A/R CDM)에 적용하기에는 걸림돌이 많다. 그렇지만, 우리는 이미 해조류를 활용한 연구에서 방법론과 감축량에 대한 자료를 확보하고 있으므로 (Chung et al., 2013), 앞으로 파리협정에서 권유하는 NDC 방안으로 등록할 수 있을 것이다.

해조류를 이용한 온실가스 저감연구 과제를 시작하면서 2007년 발리 COP-13 행사 후 가진 AP통신과의 인터뷰로 처음으로 외국 언론에 등장한 지 10 여년이 지났다. 호의적이지 않은 주위 여론을 극복하고 2017년에는 해조 산업계로서는 큰 행사인 제2회 국제 해조류박람회를 개최하였다. 해조류박람회는 2014년 행사 개막일에 생긴 세월호의 아픈 기억을 가슴에 품고 4월 14일부터 5월 7일까지 24일간 전남 완도항과 해변공원에서 열렸다. 이 행사에서 나는 두 가지 큰 의미가 있는 이벤트에 참가하였다. 그것은 개막식과 함께 개최한 학술 행사에 참여한 것과 호주 ABC 방송국의 현지 촬영에 동행한 것이었다.

학술 행사는 '3장 답을 찾는 여정'에서 다시 소개하겠다. 필자는 호주 ABC 방송국의 프로그램 호스트로 한국에 온 특별한 손님을 모시고 박람회와 해조 양식장을 소개하는 기회를 얻었다. '햇빛과 해조 - 식량과 에너지와 청정작용에 대한 고찰(2017)'의 저자인 호주 맬번대학교 플래너리(Tim Flannery) 교수가 호주 ABC 방송국에서 기획한 카탈리스트 과학 시리즈 프로그램 취재를 위해 한국을 방문했다. 프로그램의 제목은 '해조류가 세상을 구할 수 있을까?'이며(그림2), 내용에서 중요한 꼭지의 하나로 한국의 해조류 양식과 이를 활용한 기후변화 대응에 관한 우리의 연구 결과에 대한 검증을 위해 한국에 온 것이다(그림3). 방한 기간이 박람회 기간이라 박람회장의 다양한 모습을 영상에 담아 갔다.

호주의 앨 고어라고 불리는 플래너리 교수는 이미 해조류 양식이 온실가스 감축에 대안이라는 것을 주장하고 있었다. '불편한 진실'로 유명한 엘 고어와 플래너리 교수와의 영상 인터뷰에 의하면 '탄소 네거티브 기술'과 호주의 탄소세에 관한 연구에서 그는 호주가 해양 해조 양식장과 같은 탄소 네거티브 기술을 통해 탄소 중립을 달성할 수 있으며, 탄소 가격 설정 방법까지 설명한 바 있다(24 Hours of Reality, 2016).

5월에 찍은 영상은 2017년 8월 22일에 볼 수 있었다. 해조와 관련 없지만 석가탄신일의 사찰 초파일 영상과 대기오염 등 한국의 문화와 실상도 소개하였다. 플래너리 교수는 서울에서 광주로 가는 KTX에서 해조 심해 저장에 대하여 기차 창문에 그림으로 설명하며 보여 주었다(그림4). 외양

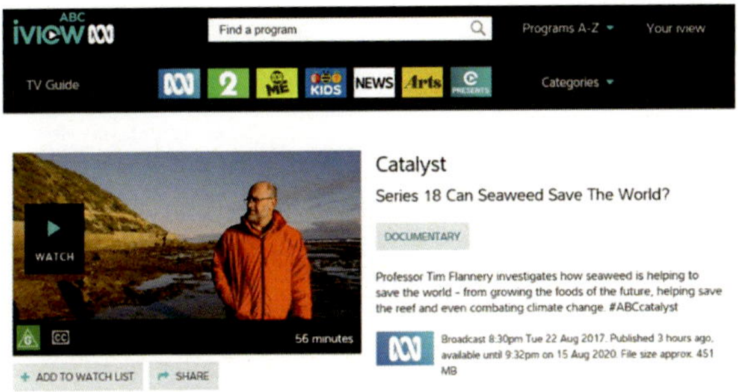

<그림2> '해조류가 세상을 구할 수 있을까?' 호주 ABC 방송국의 프로그램 소개 화면

<그림3> 완도 전복 먹이 해조 양식장에서 플래러니 교수와 대담 장면

<그림4> 이동중인 KTX 열차 안에서 플래러니 교수의 심해 저장 설명 장면

에서 해조류를 재배하여 심해로 가라앉혀 저장하는 심해 저장 옵션은 육상의 조림에서 다루는 흡수원의 저장 시간과 비교가 되지 않는다. 대양의 심해 순환을 고려하면 적어도 천년은 심해에 보관되어 있을 것이다. 이를 다루면서 폰 헤르첸(Brian Von Herzen) 박사의 해양 영구 양식장(Marine Permaculture)도 소개하였다. 지난 10년 동안 폰 헤르첸 박사가 이끈 기후재단(Climate Foundation)은 재생 가능 에너지를 사용하여 인공적인 용승 작용으로 작동하는 "해양 영구 양식장"시스템을 개발하여 영구적으로 수심 25 m 깊이에서 해조(켈프) 양식장을 기반으로 하는 소규모 생태계를 조성하여 일차생산력을 향상해 어자원을 증강하는 프로젝트를 수행하고 있다. 폰 헤르첸박사도 이러한 외해 수중 해조(켈프) 양식장이 해양의 일차생산력을 회복시켜 해수의 이산화탄소 흡수 능력과 바이오매스를 늘려 탄소 흡수와 저장에 큰 역할을 할 것이라고 주장하고 있다. 특히 떨어져 나간 해조 엽편은 심해저에 가라앉아 몇 백 년 동안 심해에 저장되어 격리된다.

따라서 해조류는 육상의 숲과 마찬가지로 광합성 과정을 통하여 CO_2를 고정하여 유기 탄소로 저장한다. 그리고 이 탄소는 자연적인 과정 또는 인위적인 심해 탄소 저장 과정으로 표층에서 격리되어 심해에 저장되는 것이다.

심해가 이산화탄소를 저장할 수 있는 막대한 능력이 있다는 것은 분명한 사실이다. 이론적으로 해수에 저장되어 있는 이산화탄소 100분자는 약 98개가 중탄산이온(HCO_3^-), 1개는 탄산이온(CO_3^{2-}), 나머지 하나는 탄산가스(CO_2)로 남아 있다. ($CO_2 + H_2O \Leftrightarrow HCO_3^- + H^+ \Leftrightarrow CO_3^{2-} + 2H^+$). 따라서 대기 중 1기압에서의 CO_2에 비하면 동등한 양의 해수에서는 약 100배 이상의 "총 CO_2"와 평형을 이룰 수 있다. 표층 해양과 심해 사이의 CO_2 이동은 느리고 수온약층에 의해 성층화되어 자유롭게 혼합되지 않는다. 다만, 차고 염분이 높은 해수의 침강과 유기 입자가 심해로 가라앉는 생물 펌프에 의해 탄소가 심해로 이동할 수 있다. 물론 유기 입자의 아주 작은 부분만이 장기적인 탄소 침전물로 퇴적되어 수천 년의 시간 규모로 제거될 수 있다. 만일 이러한 일이 더 빠른 속도로 진행될 수 있다면 대기 중 온실가스인 이산화탄소를 효율적으로 감축할 수 있다. 그렇다면, 어떻게 탄소의 심해 저장을 촉진할 수 있을까? 가장 효율적인 방법은 생물 펌프 가동을 촉진하는 것이다. 생물 펌프의 시작은 광합성이다. 이미 철 시비로 고 영양염 저 엽록소(HNLC) 해역에서 식물플랑크톤의 대발생으로 생물 펌프를 가속할 수 있다는 것이 증명되었다. 그리고 해조 양식은 또 다른 선택으로 식물플랑크톤보다 훨씬 더 빠른 속도로 이산화탄소를 유기 탄소로 만들어 심해로 저장할 수 있다.

따라서 심해 저장은 해조 탄소 포집 심해 저장(Seaweed Carbon Capture and Sink: Seaweed CCS)이라고 명명하고, 이는 기존의 탄소 포집 및 저장(Carbon Capture and Storage: CCS)과 달리 지구의 역사와 함께 진행된 광합성 작용과 해양의 생물 펌프 과정으로 자연의 섭리를 따르는 친환경적이고 지속 가능한 방법이다.

해양의 조림은 육상의 탄소 배출권 조림사업(A/R CDM)에 비해 장점이 많다. 우선 땅이 필요하지 않다. 나무를 심고 가꾸는 데 물과 비료가 꼭 필요하지만, 해조류는 그렇지 않다. 물론 영양분을 공급하면 더 잘 자라겠지만, 일반적으로 연안역은 부영양화되어 있어 오히려 해조 양식장이 과도한 영양분을 흡수하여 연안의 수질 정화 역할을 한다. 또한, 어류 양식장 등 사료를 공급하는 양식장과 연계하여 해조류 양식장과 여과 섭식 조개류 양식을 함께 운영하는 다 영양단계 복합양식(Integrated

Multi-Trophic Aquaculture: IMTA) 방법도 이뤄지고 있다. 따라서 한계에 다다른 육상의 감축에서 이제 바다로 눈을 돌려 해조류를 이용하여 감축하는 것이 합리적이다.

2.3.2 해조 바이오 에너지 생산

해조류가 대기 중 CO_2를 광합성으로 흡수하여 저장하는 방법으로 해조류 기후 공학이 논의된 바 있다. 즉 인공으로 조성한 해조(켈프) 농장(양식장)에서 해조류 바이오매스를 생산하여 메탄으로 전환하는 것이었다. 초기 미국 가스협회(American Gas Association)의 1970년대 연구결과는 에너지 생산 비용이 그때의 에너지 가격보다 6배나 더 큰 비용이 든다는 것으로 추정하였다. 또한, 상대적으로 빈 영양 수역에 공급해야 하는 질산염과 인산염의 비용과 인위적인 용승으로 심해의 영양염을 공급하는 에너지가 필요하다는 단점이 있었다. 그리고, 생산한 메탄가스는 가격 대비 현실성이 없었고, 바이오매스를 생산하는 해조류 양식에 관한 기술도 부족하였다. 더구나 해양 양식에 대한 부정적인 인식으로 더 이상의 진전이 없이 1980년대 초반에 중단되었다.

이론적으로 모든 유기 탄소는 바이오 에너지로 전환될 수 있다. 최근 미래의 차세대 에너지 자원으로 다시 해조류가 부상하고 있다. 해조류는 생산력이 뛰어나 많은 바이오매스를 만드는 것으로 알려져 있으며 지구상의 모든 식물처럼 바이오 에너지로 전환이 가능한 유기 탄소 성분을 가지고 있다. 홍조류, 갈조류 그리고 녹조류 등 모든 해조류는 탄수화물을 갖고 있으며, 탄수화물을 구성하는 당의 성분과 함량은 종류에 따라 다양하지만, 모두 바이오 에탄올 생산이 가능하며 국내에서도 이미 선행연구가 수행된 바 있다. 해조류 바이오 에너지를 생산할 경우 당연히 화석연료를 대체하여 온실가스를 감축하는 기능을 한다. 이미 해조류 우뭇가사리에서 바이오 에탄올을 생산하는 데 성공하였고, 대량생산 기술 축적을 위한 시험 생산도 시도하고 있다(한국해양수산개발원, 2009; 한국환경정책평가연구원, 2011; 농림수산식품부, 2012).

국외의 경우 다양한 프로젝트에서 해조 바이오 에너지를 다루고 있다. 그중 미국 MIT 집단지능센터인 기후 코랩(Climate CoLab)에서는 2013년 '농림분야에서 기후변화의 영향을 가장 효과적으로 줄이고 기후변화에 탄력적으로 적응력을 향상하는 활동은 무엇인가'라는 주제로 공모전을 열었고, '에너지, 식량, 생물 다양성을 위한 해양 해조숲 조림'이 프로젝트의 하나로 제시되었다. 해양 조림(해양 해조숲 조림)이란 지속 가능한 해조숲 생태계를 조성하여 화석연료 사용을 완전히 대체할 수 있는 해양 생태계 운영 방법을 개발하는 것이다. 최근 벨로나 재단과 르로이 수산회사에서 이와 비슷한 프로젝트를 수행하고 있다. 해조숲 생태계에서 해조를 재배하여 해조 바이오매스를 수확하고, 이를 발효시켜 생성된 바이오 CO_2 및 CH_4를 회수하여 활용한다. 남은 영양염은 해조숲 관리에 재활용하고, 여분의 바이오 CO_2는 포획하여 압축 저장한다. 다른 탄소 저장 기술을 이용할 수도 있다. 다른 생태계 구성원들도 추가적인 감축 및 완화 방법으로 활용될 수 있다. 이 분석에 의하면 세계 해양 표면적의 9%를 차지하는 거대한 해조숲을 기반으로 생산한 바이오매스와 이를 메탄가스로 전환해 사용할 경우, 오늘날의 화석연료 에너지 수요를 충분히 대체할 수 있는 바이오 메탄 생산이 가능하다. 또한, 해조숲 생태계의 수산자원 증가로 어획 생산이 증가하고, 생물 다양성도 증가한다. 그리고 해양 산성화를 감소시켜 추가적인 생태계 서비스를 얻는 것이 해양 해조류 조림 프로젝트의 잠재적인 순기능이다. 현재 미국 배타적 경제수역(Exclusive Economic Zone: EEZ) 면적의 20%에 불과한 바다숲은 2010년 미국 석유 수요의 전부를 배럴당 50달러보다 싼 가격으로 공급할 수 있는 재생 가능한 액체 연료를 생산할 잠재력이 있다. 해조숲 조림 사업과 바이오 연료 생산의 확대는 화석연료인 석유 사용을 대체하고, 계속해서 대기 중 CO_2를 빠르게 감소시킬 수 있다.

우리나라는 좁은 국토 면적과 가용 토지의 한계로 인하여 생물 연료 생산이 크게 제약 받고 있다. 옥수수와 같이 이미 상용화된 곡물을 이용한 에너지 생산은 그야말로 어리석은 짓이다. 식량문제는 물론이고 이를 재배하는 토지, 경작에 필요한 물과 화학 비료 사용 등을 고려하면 바람직하지 않으며, 국제연합식량농업기구(Food and Agriculture Organization of the United Nations: FAO)를 비롯한 관련 국제기구에서도 곡물에서 바이오 에너지를 생산하는 것에 대하여 인류 식량 공급 차원에서 반대하고 있다. 그러나 해조 바이오 에탄올은 이러한 문제와 전혀 상관없다. 당연한 선택이다.

2.3.3 해조 사료

바닷가에서 가축들은 파도에 밀려 해변에 쌓인 해조류도 먹고 자란다. 최근 해조류를 가축의 사료 첨가물로 이용하고 있다. 채식을 주장하는 사람들의 요구도 있지만, 가축에서 방출되는 메탄가스는 온실가스의 지구온난화지수가 이산화탄소의 21배나 되어 축산 낙농 산업 자체가 지구온난화에 미치는 영향이 크다. 따라서 육류 소비를 줄이고 젖소의 메탄가스 배출량을 줄여서 온실가스 방출을 줄이는 규정을 발표하였다. 그런데 캘리포니아, 호주, 아일랜드에서는 축산 사료 특히 젖소의 사료에 해조류를 첨가하면, 소의 트림과 방귀에서 나오는 메탄가스 방출을 현저하게 감소시킬 수 있다는 연구 결과가 나와서 주목을 받고 있다. 젖소의 사료에 소량의 해조류를 첨가하여 실험한 결과 장의 미생물에서 나오는 메탄가스 배출량을 상당량 줄인다고 하니 매우 고무적이다. 일부 해조류에서 발견된 화합물이 메탄을 생성하는 미생물의 효소 활동을 저해하는 것으로 나타났다. 적절한 해조 사료를 개발하여 장내 미생물 활동과 메탄가스 발생에 관한 면밀한 연구가 필요하다.

지구온난화를 야기하는 온실가스의 약 1/4을 차지하는 메탄가스는 이러한 생산을 주도하는 낙농 산업에서 만일 해조류 사료 첨가로 메탄가스 발생을 줄일 수 있다면, 낙농가들의 유제품 생산에 많은 도움을 줄 것이며, 동시에 온실가스 배출도 줄일 수 있다.

2.3.4 해조 비료와 해조 숯

농업 생산을 유지하기 위해 많은 비료가 사용되고 있다. 옛날에는 자원의 재활용이라는 거창한 구호도 없었지만, 농가에서는 배설물로 퇴비를 만들어서 농사를 지어 왔다. 녹색혁명으로 농업 생산은 엄청나게 증가했지만, 과다한 화학 비료와 살충제 사용으로 부작용도 많았다. 특히 화학 비료를 생산하는 데 쓰이는 에너지 사용으로 온실가스가 방출되고 있다. 이제 비료도 바다에서 기른 해조류로 만든 유기 비료로 농사를 지을 수 있다. 해조류를 주성분으로 만든 유기 해조 비료의 시험 사용으로 좋은 결실을 얻고 있다. 해조 숯도 토양 개선과 시비 효과에 도움을 주는 것으로 나타났다. 따라서 해조로 만든 비료와 숯은 육상의 에너지 사용을 줄여 온실가스 배출을 줄일 수 있다.

2.3.5 해조 종이

일부 홍조류는 육상의 섬유소와 다른 섬유질을 갖고 있다. 간단한 처리 과정을 거쳐 펄프를 만들 수 있고, 당연히 종이도 만들 수 있다. 지금까지 사용하는 보통의 종이는 상당량의 나무를 벌목함으로써 숲을 훼손하여 만들고 있다. 그리고 펄프를 만드는 과정은 많은 에너지가 필요한 공정으로 전형적인 에너지 과소비 산업이며, 좋지 않은 화학 물질도 많이 쓰이는 공해 산업이다. 그렇지만, 홍조류에서 종이를 만드는 과정은 매우 단순하다. 에너지 소비가 비교되지 않을 정도로 적고, 표백제 외에는 다른 화학 물질도 거의 필요하지 않다. 따라서 해조로 종이를 만들면, 기존의 펄프 생산과정과 비교해 봤을 때, 에너지 소비를 현저히 줄일 수 있다.

2.4 해조류 바다숲을 활용한 적응 방안

적응은 실제로 발생하거나 앞으로 일어날 수 있는 기후변화와 그로 인한 영향들에 대해 삶의 양식, 제도, 정책 등을 조정해 가는 과정이다. 기후변화에 관한 정부 간 패널(Intergovernmental Panel on Climate Change: IPCC)은 기후변화 적응을 실제 또는 예상 기후와 그 영향에 대한 조정 과정으로 정의한다. 이러한 맥락에서 해조 생태계의 기후변화 적응 잠재력을 소개한다.

2.4.1 해조류 바다숲의 해양 산성화 완화

산업혁명 이전까지 대기 중의 이산화탄소의 농도는 180 ppmv에서 300 ppmv로 급격한 변화 없이 유지되어 왔으나, 산업혁명 이후 빠른 속도로 증가하고 있다. 최근에는 400 ppmv 가까이 증가했고, 2100년에는 750 ppmv까지 증가할 것으로 예상한다. 온실가스의 증가로 야기된 지구온난화와 기후변화는 우리의 일상생활은 물론 지구환경에 큰 영향을 미치고 있다. 대기 중 이산화탄소는 바다에 녹아 바다에서도 그 농도가 증가하고 있다. 이산화탄소가 바다에 녹아 해양의 수소 이온 농도를 상승시켜 해수의 pH를 감소시키는 것을 '해양 산성화'라고 한다. 온실가스인 이산화탄소의 해양 화학적인 반응으로, 이 또한 기후변화의 다른 측면이다.

지구온난화에 따른 기후변화와 해수면 상승 등의 영향은 해역에 따라 매우 다르게 나타날 수도 있으나, 해양 산성화는 해역별 정도의 차이는 있더라도, 전 지구적으로 같은 화학반응의 영향이 파급될 것으로 추정된다. 최근 동해에서도 산업혁명 이후에 급속한 산성화가 진행되고 있음이 밝혀지고 있다.

해양의 pH는 탄산염 완충작용으로 지구와 함께 아주 오랜 기간 거의 일정하게 유지됐으나 최근의 급격한 pH의 변화는 생물에게 큰 영향을 주게 된다. 해양생물들에게 산성화가 미치는 영향은 당연히 각각 다르게 나타나고, 같은 종이라도 지역에 따라 다르다. 일반적으로 해양 산성화의 진행으로 생물 다양성의 보고인 산호초 생태계는 수온 상승에 따른 탈색에 산성화 영향까지 받으면 살아남기 힘들다. 석회질 껍데기와 골격의 생성은 제한되고, 녹기 시작한다. 이러한 영향은 결국 해양 생태계의 모든 구성원과 기능에 영향을 미쳐 수산자원은 물론 인간 생활에도 피해를 가져올 것이다. 특히 수산생물인 어류와 조개류 그리고 갑각류 등의 어린 생활사 단계부터 성체 단계까지 대부분이 타격을 받는다. 최근 여러 해역에서 수많은 생물을 대상으로 산성화가 해양생물에 미치는 영향에 관한 연구가 활발하게 진행되고 있다. 축적된 연구의 결과를 바탕으로 산성화 대응 방안을 마련할 수 있겠지만, 광범위하게 진행되는 산성화를 저지하거나 완화시킬 수 있을까? 호수에서 사용되는 산성비 해결방안을 적용할 수도 있겠지만, 시·공간적인 측면에서 바다에서는 불가능하다. 해수의 산성화 과정을 완화시킬 수 있는 실현 가능한 해결 방안은 해양식물의 광합성 작용을 촉진하는 것만이 유일하다고 볼 수 있다.

즉 해수에서 광합성을 하는 해양식물 군집인 (1) 해조숲, (2) 해초밭, 그리고 (3) 식물플랑크톤만이 해결할 수 있다. 특히 우리가 인위적으로 조성하고 관리할 수 있는 해조숲과 해조 양식장이 해양 산성화의 해결책이다.

해조류는 광합성 과정을 통하여 대기에서 해양으로 유입된 용존 무기탄소의 형태의 탄소를 유기 탄소로 전환하여 해조류 바이오매스로 저장한다. 낮 동안 광합성으로 해수의 pH는 증가하고, 밤에는 호흡으로 다시 이산화탄소가 방출되어 pH가 감소한다. 이러한 주기적인 양상을 분석해보니 해조류가 있는 해역의 pH는 주변 해역보다 pH가 높게 나타났다. 해조류의 광합성은 해양 산성화를 완화할 수 있는 적응 방안이며, 궁극적으로 이산화탄소가 해조류 바이오매스로 저장되는 감축 방안이다.

2.4.2 해조류 바다숲과 해조 양식장의 연안과 해안 보호

지구온난화로 인해 해수면 상승은 물론 기후변화까지 일어나 태풍의 빈도가 잦아지고 더 강해지고 있다. 이러한 변화로 강한 파도에너지가 되어 해수가 연안으로 몰려오고 있다. 외해에서 밀려오는 파도에너지를 막아줄 완충장치가 필요하다. 수심이 얕은 곳에서는 방파제를 설치할 수 있지만, 깊은 곳은 부유 시설이 필요하다. 외해에 설치한 부유식 해조 양식장은 이러한 목적에 들어맞으며 기후변화와 관련된 감축 방안을 연계해서 적용할 수 있어 일거양득 이상의 성과를 거둘 수 있다. 외해에 설치되고 있는 풍력단지에 해조 양식장을 설치하여 파도 완충역 기능은 물론 생산된 바이오매스를 바이오 에너지로 전환할 수 있다. 이러한 다목적 외해 식량 에너지 생산 플랫폼이 해상 운송 중간 기지 및 체험 관광지 사업과 함께 시험적으로 개발되고 있다(The EU-Project 'TROPOS'). 또한,

해수면 상승에 대비한 방파제 설치는 중요한 대처방안이다. 이러한 방파제를 다양한 구조를 보여주는 자연 갯바위 해안을 모방하여 인공 조간대 해조 생태계의 형태로 조성하여 연안역 수산자원을 증강하는 서식처를 제공하는 방안도 있다. 특히 인공섬을 건설할 때 처음부터 해조 군락을 조성하는 공정과 함께 시행해야 한다.

연안역과 외해역에 조성한 부유식 해조 양식장은 밀려오는 파 에너지를 줄이는 완충재 역할과 함께 바이오매스를 생산하여 감축하는 흡수원 역할, 해양 산성화 저감 기능, 새로운 서식처 기능 등을 수행하는 인공 생태계가 된다. 이러한 외해역 플랫폼 시설은 해양 공간 계획에 따라 다른 해양 공간 활용과 함께 종합적으로 추진되어야 한다.

2.4.3 해조 광합성과 빈 산소 수역 산소공급

바다에 산소가 부족하여 많은 해양생물이 타격을 받고 있다는 것은 새로운 현상이 아니다. 부영양화 현상은 인간 활동이 왕성한 하구역과 대도시에 인접한 해역에서 여름에 적조 현상과 더불어 빈번하게 발생하고 있다. 이러한 빈 산소-무산소 해역 또는 죽음의 바다 현상은 매년 발생 빈도가 증가하고, 그 범위도 넓어지고 있다. 더구나 지구온난화에 따른 해수온 상승은 이러한 현상을 촉진하고 있다.

취미로 키우는 열대어 어항에서 먹이 공급도 중요하지만, 꼭 필요한 것은 공기(산소)를 넣어 주어야 한다. 바닷속 산소가 다 소비되면 질식하여 죽기 때문에 공기(산소)를 넣어 주어야 한다. 바다가 맞닿은 대기에서 산소가 녹아 들어가고 있지만, 물속에서는 바다 식물의 광합성 작용이 산소를 공급하고 있다.

지구온난화에 따른 수온 상승의 결과 연안역의 부영양화와 빈 산소 수역 확장에 대한 해결책은 산소를 공급하는 것이다. 이는 실제로 공기(산소)를 공급할 펌프를 바다에 설치하는 방식이다. 즉 해조류가 생물 펌프 기능을 수행하는 것이다. 이 해조 펌프는 햇빛만 있으면 이산화탄소를 빨아들여 산소를 뿜어내는 효율적인 생물 기계이다. 물론 밤에는 호흡으로 작동을 멈추고 다시 이산화탄소를 방출하지만, 전 기간을 보면 산소가 더 많이 생성되어 주변의 빈 산소 해역에 산소가 확산하는 넘침 효과를 준다.

수온 상승으로 용존 산소 함량이 감소하여 다랑어 유영속도에도 영향을 준다는 최근 보고도 있다. 우리가 히말라야 등반에서 힘들게 극복해야 하는 고산병을 이제는 바다의 수영 선수인 다랑어가 바닷속에서 경험하게 될지도 모른다. 사르가소해에 자연적으로 조성된 부유 모자반 해조밭처럼 이제 먼 바다에 마치 사막의 오아시스같이, 먹이도 있고 산소도 공급받는 부유 해조 양식장 휴양소를 만드는 것을 심각하게 고려해 보는 것이 지나친 생각일까?

학습 요약 정리 2

1. 해조류 바다숲은 이산화탄소를 흡수하여 저장하는 온실가스 흡수원이다.

2. 감축(mitigation of climate change)이란 온실가스 배출원을 줄이거나 흡수원을 강화하기 위한 인간의 개입이다.

3. 이론적으로 모든 유기 탄소는 바이오 에너지로 전환할 수 있다.

4. 해조류를 가축의 사료 첨가물로 이용한다.

5. 해조류를 주성분으로 유기 해조 비료를 만든다.

6. 기후변화 적응은 실제 또는 예상 기후와 그 영향에 대한 조정 과정이다.

7. 해조류는 해안 보호, 해양 산성화와 해양 탈산소화로부터 피난처를 제공하는 적응 능력을 제공한다.

용어 정리 2

※ 24 Hours of Reality

Climate Reality Project와 Al Gore 미국 전 부통령이 주관하는 24 Hours of Reality는 기후 위기에 관한 눈길을 끄는 이야기와 설득력 있는 대화를 생방송으로 진행하는 인터넷 방송이다. ☞ https://youtu.be/jfciq81K6jM

※ Bellona 재단(The Bellona Foundation)

노르웨이의 오슬로에 있는 종합적 전문 국제 환경 비정부기구(NGO)이다. 기술과 솔루션에 기반한 세계적 환경 단체로 환경 문제 해결을 위한 지속 가능한 솔루션을 제시하고자 정부, 전문가, NGO들과 다방면으로 협력하고 있다.

☞ https://bellona.org

※ TROPOS (The Ocean of Tomorrow) Project

TROPOS는 EU의 연구와 개발을 위해 유럽위원회(European Commission)가 지원한 유럽 공동 프로젝트이다. 구체적으로 '미래 해양(Ocean of Tomorrow)'이라는 불리는 다목적 모듈식 부유 플랫폼 외해 기지 건설이다. ☞ http://www.troposplatform.eu

※ 감축(mitigation of climate change)

온실가스 배출원을 줄이거나 흡수원을 강화하기 위한 인간의 개입이다.

※ 고 영양염 저 엽록소 (High Nutrient Low Chlorophyll; HNLC)

일부 해역에서 영양염의 농도는 높지만, 엽록소의 농도는 낮게 나타나는 현상이다. 철분 부족 또는 초식 등의 가설이 있으며, 최근 철분 시비 실험으로 엽록소가 증가하는 결과를 얻어 철분 부족 가설을 증명하였다.

※ 교토메커니즘(Kyoto Mechanism) (Mechanisms under the Kyoto Protocol)

교토의정서에는 온실가스를 효과적이고 경제적으로 줄이기 위해 공동이행제도(Joint Implementation: JI), 청정개발체세(Clean Development Mechanism: CDM), 배출권거래제도(Emissions Trading: ET)와 같은 유연성 체제를 도입했는데, 이들을 '교토메커니즘'이라고 한다. 공동이행제도는 선진국 사이의 온실가스 감축 사업을 공동으로 수행하는 것을 말한다. 청정개발체제는 선진국이 개도국에서 온실가스 감축 사업을 수행해 달성한 실적 일부를 선진국의 감축량으로 허용하자는 것이다. 배출권거래제도는 온실가스 감축 의무가 있는 국가가 의무 감축량을 초과해 달성했을 경우, 이 초과분을 다른 감축 의무 국가와 거래할 수 있다는 것이다.

※ 교토의정서(Kyoto Protocol)

기후변화협약에 따른 온실가스 감축 목표에 관한 의정서로 교토프로토콜이라고도 한다. 지구온난화 규제 및 방지를 위한 국제협약인 기후변화협약의 구체적 이행 방안으로, 선진국의 온실가스 감축 목표치를 규정하였다. 1997년 12월 일본 교토에서 개최된 기후변화협약 제3차 당사국총회에서 채택되었다. 선진국 38개국의 제1차 공약 기간(2008-2012년)의 평균 온실가스 배출량이 1990년 대비하여 평균 5.2% 감축하는 것이었다. 2012년 카타르 도하에서 열린 제18차 유엔기후변화협약 당사국총회에서 2013년부터 2020년까지 8년간을 제2차 감축 공약 기간으로 설정하고, 온실가스를 1990년에 비해 25-40% 감축하기로 합의했다. 그러나 미국, 호주, 캐나다, 일본의 탈퇴로 인하여 교토의정서에 기반한 교토체제는 실패하였다고 할 수 있다.

※ 국가결정기여(Nationally Determined Contribution: NDC)

기후변화에 대응하기 위하여 분야별로 당사국이 수행할 노력을 스스로 결정하여 제출한 온실가스 감축 목표와 적응 정책 등을 말하며 자발적 공약이다. NDC는 감축, 적응, 재원, 기술, 역량배양, 투명성의 6개 분야를 포괄한다. 파리협정 이전에 제출한 것은 Intended NDC(의도된 자발적 공약)라고 하였고, 채택 후에 제출한 것은 NDC라고 한다. 각국의 기여 방안에 대해 법적 구속력 부여 여부와 측정·보고·검증(Measurable, Reportable, and Verifiable: MRV) 등 투명한 이행 여부 확인 절차 마련 등이 쟁점이다.

※ 기후변화에 관한 정부 간 패널(Intergovernmental Panel on Climate Change: IPCC)

IPCC는 기후변화 문제를 국제사회가 공동으로 대처하기 위하여 1988년 11월에 유엔 산하 기구인 세계기상기구(World Meteorological Organization: WMO)와 유엔환경계획(United Nations Environment Programme: UNEP)이 공동으로 설립한 정부 간 협의체이다. IPCC 조직은 크게 IPCC 의장단(IPCC Bureau)과 IPCC 사무국(IPCC Secretariat)으로 구성되어 있다. 3개의 실무그룹(Working Group) 중 제1 실무그룹(Working Group 1)은 기후변화 과학 분야로 기후변화에 대한 과학적 이해, 기후모델링 등 연구 분야를 담당하고, 제2 실무그룹(Working Group 2)은 기후변화 영향평가, 적응 및 취약성 분야를 담당하며, 제3 실무그룹(Working Group 3)은 배출량 완화, 사회경제 비용 편익분석 등 정책 분야를 담당하고 있다. 각 실무그룹에는 기술지원단(TSU, Technical Support Unit)이 지정되어 있으며, 주요 임무는 실무그룹 주저자 회의 및 IPCC 보고서 초안 작성 및 발간 등을 지원하는 것이다. IPCC에 전 세계의 많은 과학자가 참가하여 기후변화 추세 및 원인 규명, 기후변화에 따른 생태학적, 사회경제적 영향 평가 및 그에 대한 대응전략을 분석한 평가보고서를 실무그룹별로 발간하고 있다. 발간되는 보고서는 유엔기후변화협약(UNFCCC) 등에 정부 간 협상의 중요한 근거 자료로 활용되고 있다. 한국의 이회성 박사는 2015년부터 6대 의장으로 IPCC를 이끌고 있다. ☞ https://www.ipcc.ch

※ 다 영양단계 복합양식(Integrated Multi-Trophic Aquaculture: IMTA)

생태계의 영양 단계를 모방하여 사료공급형 양식과 추출형 양식을 함께 설계하여 균형을 이루는 양식이다. 사료를 공급하여 기르는 어류(새우)양식장에서 배출되는 부유 유기물은 여과 섭식자(담치, 굴 등)가 섭식하고, 용존 유기물은 해조 혹은 미세조류가 흡수한다. 침강한 유기물은 퇴적물 식자(해삼, 갯지렁이 등)가 섭식한다. 이로써 단일종 양식에서 야기되는 자가오염을 줄이는 환경친화 양식법이다.

※ 르로이 수산식품 회사(Lerøy Seafood Group)

르로이 수산식품 그룹은 노르웨이 베르겐에 본사를 둔 해산물 생산 및 유통 회사이다. 1800년대 후반부터 베르겐에서 양식한 어류 판매를 시작으로 현재 노르웨이, 스웨덴, 덴마크, 핀란드, 프랑스, 네덜란드, 포르투갈, 스페인 및 터키 등지에 제조 및 가공 공장을 보유하고 있으며, 미국, 일본 및 중국에 영업 사무소를 운영하고 있다. 특히 연어와 송어 양식은 세계에서 두 번째로 큰 규모이다. ☞ https://www.leroyseafood.com

※ 배타적 경제 수역(Exclusive Economic Zone, EEZ)

국제연합 해양법 협약(United Nations Convention on the Law of the Sea: UNCLOS)에 근거해서 설정되어 경제적인 주권이 미치는 수역이다. 연안국은 유엔 해양법 조약에 근거한 국내법을 제정하는 것으로 자국의 연안으로부터 200 해리(약 370 km)의 범위의 수산자원 및 광물자원 등 비생물자원 탐사와 개발에 관한 권리를 얻을 수 있는 대신 자원의 관리나 해양오염 방지 의무를 진다. 하지만 영해와 달리 영유권이 인정되지 않아 경제 활동의 목적이 없으면 타국의 선박 항해가 가능하다. 통신 및 수송을 위한 케이블이나 파이프의 설치도 가능하다.

※ 생물 펌프(Biological Pump)

해수면으로부터 심해로 탄소 수송을 담당하는 생물 활동 전체의 총칭이다. 표층에서 광합성에 의해 생산된 유기물의 대부분은 호흡 때문에 무기화되지만, 일부는 식물플랑크톤 자신 또는 동물플랑크톤 분립의 침강으로, 또는 동물플랑크톤의 일주 수직 이동 때문에 심해로 수송된다.

※ 연안역 이산화탄소 제거 벨트(Coastal CO_2 Removal Belt: CCRB)

'해조류를 이용한 온실가스 저감 연구'는 CCRB 개념을 기반으로 수행하였다. 해양에서 켈프 숲, 감축 및 적응 벨트, 양식장 등은 모두 CCRB이며, 광합성을 통해 이산화탄소를 감축할 수 있다. 일반적으로 CCRB에는 모든 연안역 식생이 포함되지만, 실행 정의는 UNFCCC의 흡수원 인증을 받아, 추가로 만들어져야 하며, 검증된 방법으로 사업계획서(Project Design Document: PDD)에 의해 운영된다. ☞ 그림1(16 쪽)

※ 온실가스

지구온난화에 영향을 미치는 온실가스로는 이산화탄소, 메탄, 아산화질소, 수소불화탄소, 과불화탄소, 육불화황의 직접 온실가스와 일산화탄소, 질소가스, 비-메탄 휘발성 유기물질의 간접 온실가스로 구분할 수 있으며, 이러한 온실가스들은 국가 경제의 원동력인 산업활동과 우리의 일상생활과 밀접하게 연관되어 배출되고 있다.

※ 적응(adaptation to climate change)

실제로 발생하거나 앞으로 일어날 수 있는 기후변화와 그로 인한 영향들에 대해 삶의 양식, 제도, 정책 등을 조정해 가는 과정이다.

※ 제2회 완도 국제해조류박람회

제2회 완도 국제해조류박람회는 전남 완도항과 해변공원에서 2017. 4. 15부터 5. 7까지 24일간 열렸다. 2014년에 이어서 두 번째로 열리는 행사로 해조류와 첨단과학이 융합된 국가 신성장동력 산업 육성으로 부가가치 창출, 미래식량자원으로서 가치에 대한 국민적 인식 제고 및 전통과 문화적 가치가 살아있는 건강식품 육성을 비전으로 제시하였다. 조류이해관, 바다신비관(주제관), 건강인류관, 지구환경관, 미래자원관, 참여관에서 다양한 체험 및 행사가 열렸다. 또한, 국제 해조류 학술회의, 비즈니스 상담과 미팅, 해조류 산업 시찰 등도 함께 진행되었다.

※ 지구공학(Geoengineering) 또는 기후 공학(Climate Engineering)

지구공학(또는 기후 공학)은 기후변화에 대응하기 위해(또는 지구온난화를 완화하기 위해) 지구의 기후 시스템에 가하는 의도적 대규모 개입이다. 주로 온실가스 제거와 일사량 관리라는 두 가지 범주에 속한다. 대기로부터 이산화탄소를 제거하는 기술, 우주로 태양 에너지를 반사해 지구를 빠르게 냉각시키는 기술 등이 포함된다. 일부 방법은 타당성과 실현 가능성에 대한 개선이 필요하다. ☞ https://www.chooseclimate.org

※ 지구온난화지수(Global Warming Potentials: GWP)

온실 가스별로 지구온난화에 이바지하는 정도가 다르며, 일반적으로 이산화탄소를 기준으로 각 가스별 기여 정도를 명시한 것을 지구온난화지수(Global Warming Potentials: GWP)라 하고, 각 국가에서는 온실가스 배출량을 산정할 때 가스별 지구온난화지수를 고려한 CO_2 톤 단위로 배출량을 산정하고 있다. 온실가스 지구온난화지수(GWP)에서 이산화탄소를 1로 하여 다른 온실가스의 GWP를 비교한다. 참고로 메탄은 21이다.

※ 카탈리스트(Catalyst)

호주 ABC 방송국에서 방영하는 유일한 자연과학 기획 연재 프로그램이며 2003년 부터 매주 방영하고 있다.

※ 탄소 포집 및 저장(Carbon Capture and Storage: CCS)

온실가스(Greenhouse Gas) 저감 대책 및 자원 활용화의 일환으로 이산화탄소를 대량 발생원으로부터 포집(Capture)한 후, 압축/수송과정(Transportation)을 거쳐 육상 또는 해양지중에 저장(Storage)하거나 유용한 물질로 전환하는 일련의 과정을 말한다. 2050년까지 세계 온실가스 감축량의 약 20%를 CCS가 담당할 것으로 전망됨에 따라 우리나라는 CCS의 보급 확산 및 수출산업화를 위한 정책 수립 지원을 위하여 "한국이산화탄소포집및저장협회(Korea Carbon Capture and Storage Association; KCCSA)"를 2010년 업계와 학계를 중심으로 설립하였다.

※ 탄소배출권 조림사업(Afforestation/Reforestation CDM: A/R CDM)

교토의정서에 따라 온실가스를 의무적으로 감축해야 하는 국가(부속서 I 국가)가 개도국에 신규조림 및 재조림 사업을 하여 얻게 되는 온실가스 감축분을 부속서 I 국가의 감축 실적으로 인정하는 제도이다. 재조림(再造林)은 자연적 파종 또는 인위적 식수로 조림된 곳이 피해를 받아 나지로 된 곳에 다시 나무를 심는 것을 말한다. 2001년 마라케시 합의문에서는 1989년 12월 31일 이전 기준으로 산림이 아닌 토지에 대한 재조림 사업만을 청정개발체제(Clean Development Mechanism: CDM) 사업으로 한정한 바 있다.

※ 탄소제로해조마을(Carbon Zero Seaweed Town: CØST)

해조 솔루션을 적용하여, 해조 양식을 기반으로 감축과 적응을 하고, 실행 가능한 해양 에너지 방안도 활용하여 탄소 방출과 감축의 합이 제로인 사회이다.

※ 파리협정(Paris Agreement)

2015년 유엔 기후변화 회의에서 채택된 조약이다. 제23차 기후변화 당사국총회에서 195개국의 만장일치로 폐막일인 2015년 12월 12일 채택되었고, 2016년 11월 4일부터 포괄적으로 적용되는 국제법으로서 효력이 발효되었다. 지구 평균온도 상승 폭을 산업화 이전 대비 2℃ 이하로 유지하고, 더 나아가 온도 상승 폭을 1.5℃ 이하로 제한하기 위해 함께 노력하기 위한 국제적인 약속이다. 각국은 온실가스 감축 목표를 스스로 정해 국제사회에 약속하고 이 목표를 실천해야 하며, 국제사회는 그 이행에 대해서 공동으로 검증하게 된다. 2017년 6월 미국의 탈퇴 선언에도 불구하고, 여전히 세계 탄소 배출의 87%에 달하는 200여 개 국가가 협정을 이행 중이다.

※ 해양 영구 양식장(Marine Permaculture)

기후재단(Climate Foundation)에서 기획한 해조(켈프) 양식장으로, 인공 용승작용에 의한 영양염 공급으로 수심 25 m에서 영구적 해조 양식이 가능한 시설이다.

※ 해양 조림 또는 해양 해조류 조림(Ocean Macroalgal Afforestation: OMA)

이산화탄소를 흡수하는 거대 해조류의 자연 개체군을 조성하여 대기 중 이산화탄소 농도를 감소시킬 수 있는 잠재력을 가진 해양 조림으로 탄소 중립(Negative Carbon via Ocean Afforestation)을 추구하는 계획이다.

☞ https://doi.org/10.1016/j.psep.2012.10.008

※ 해양공간계획

해양공간의 지속 가능한 이용·개발 및 보전에 관한 계획의 수립 및 집행 등에 필요한 사항을 정하여 공공복리를 증진하고 해양을 풍요로운 삶의 터전으로 조성하는 것이다. ☞ https://www.law.go.kr/법령/해양공간계획및관리에관한법률시행령/

※ 해조 펄프와 종이

홍조류 우뭇가사리로 펄프와 종이를 만들 수 있다. ㈜페가서스 인터내셔널사 유학철 대표가 '홍조류를 이용한 펄프의 제조방법 및 이를 이용한 종이의 제조방법(KR101547101B1)'으로 특허를 등록하였다.

3 답을 찾는 여정 - 마이너 리그 불펜에서 메이저 리그 마운드까지

3.1 '해조류를 이용한 온실가스 저감' 연구계획서 준비 TF 팀

길지 않은 기간이지만, 지난 십여 년 동안의 과정을 소개하고자 한다. 본 이야기는 2005년 5월 말 한국조류학회 총회로부터 시작된다. '기후변화에 대응한 학회 차원의 기여방안 모색'이 토의 안건으로 상정되었고, 조류를 이용한 기후변화 대응 방안 연구계획서를 만들어 해양수산부에 제출하였다. 해조류 분야는 새로운 개념인, '연안역 이산화탄소 제거 벨트(Coastal CO_2 Removal Belt: CCRB)'를 만들어 실험실과 현장에서 해조류를 이용한 온실가스 저감에 관한 연구 계획을 작성하였다.

한국 조류학회 회원을 중심으로 구성된 팀(연구책임자 부산대학교 정익교)이 포항산업과학연구원 팀을 제치고 연구를 수주하여 2006년 6월에 '해조류를 이용한 온실가스 저감 연구'가 시작되었다. 후일담으로 2005년 방콕에서 개최된 '제 4차 아시아태평양조류학포럼'에서 한국 조류학자들의 제안으로 다수의 아시아태평양 조류학자들이 자발적으로 참여하여 결성한 실무반인 '조류를 이용한 온실가스 저감 아시아 네트워크'가 국제협력 부분 평가에서 상대 팀보다 더 좋은 평가를 받았다고 들었다. 즉 기후변화에 대한 대응은 확실한 과학적인 근거를 바탕으로 국제적인 합의와 연계가 필요하므로, 국제협력 분야에서 우리 팀이 제시한 네트워크는 확실한 주춧돌임을 보여 준 핵심이었다.

2006년 과제를 시작할 즈음의 국제적인 분위기는 1997년 12월 일본 교토에서 개최된 기후변화협약(UNFCCC) 제3차 당사국총회(COP-3)에서 채택한 교토의정서가 온실가스의 감축 목표와 감축 일정, 개발도상국의 참여 문제로 선진국 간, 선진국·개발도상국 간의 의견 차이로 심한 대립을 겪고 있었다. 그러나 2005년 2월 16일 공식 발효되어 제1차 감축 공약 기간인 2008-2012년을 앞두고 있었으며, 의무이행 대상국들은 온실가스 총배출량을 1990년 수준보다 평균 5.2% 감축하기로 하였다. 특히 의무이행 당사국의 감축 이행 시 신축성을 허용하기 위하여 도입된 교토메커니즘인 배출권 거래(Emissions Trading: ET), 공동이행(Joint Implementation: JI) 과 청정개발체제(Clean Development Mechanism: CDM) 중에서 CDM에 대한 개도국의 관심으로 다양한 CDM 사업이 중국과 브라질에서 진행되고 있었고, 열대우림을 가진 나라들의 산림전용 및 황폐화 방지(Reducing Emissions from Deforestation and Forest Degradation: REDD+)와 관련된 의제가 많이 다루어지고 있었다.

확실한 흡수원인 산림도 인증을 받기까지 상당한 기간이 필요하였고, 세부 이행과 관련된 문제도 정립되지 않았던 시기에 엉뚱하게 해조류를 온실가스 흡수원으로 인증을 받으려고 한다는 우리의 주장은 기후변화를 다루는 전문가에게는 전혀 관심 밖의 일이었다. 과제 평가와 전문가 자문회의에서는 해조류를 온실가스 흡수원으로 인정하자는 주장의 인지도를 높이기 위해서는 기후변화협약 당사국총회(Conference of Parties: COP)에 참석해서 사이드 이벤트를 개최할 것을 강력하게 주문하였다.

3.2 기후변화협약 당사국총회 사이드 이벤트

3.2.1 발리 COP-13(2007)

2007년 과제 2년 차에 발리에서 개최된 COP-13에서 사이드 이벤트 개최를 위한 신청 작업을 시작하였다. 간단히 신청만 하면 당연히 행사할 수 있는 줄 알았지만, 꽤 까다로웠다. 우선 신청 자격을 획득해야 하였고, NGO 자격을 획득한 다음에야 사이드 이벤트 신청을 할 수 있었다. 부산대 해양연구소는 자격 획득과 행사 신청을 동시에 신청해야 했다. 2년의 과제 평가가 달린 문제였다. 우리나라에서 처음으로 대학이 기후변화협약에서 NGO 단체로 인정받아 신청 자격도 얻었고, 사이드 이벤트 시간을 배정받아 전 행사 일정을 성공적으로 수행하였다. 물론 쉽지 않은 과정이었다. 특히 부산대학교가 세무서 사업등록자 자격이 부동산임대업으로 분류된 것이 제일 큰 걸림돌이었다. 사무국에서 요구하는 비영리 단체임을 증명하는 여러 가지 자료를 제출하고 이메일, 전화로 사무국을 설득하여 고비를 넘겼다. 드디어 2007년 12월 발리 COP-13에서 사이드 이벤트를 계획대로 진행하였고 조류를 이용한 온실가스 저감 아시아 네트워크 회의도 하였다(그림5). 행사를 마치고 연합통신(Associate Press: AP) 기자와 발리 누사두아 해변에서 인터뷰를 가졌다(그림6). 네트워크에 참여한 회원들도 자국의 언론과 개별 인터뷰를 하였다. 드디어 해조류와 내가 기후변화 무대에 처음으로 등장한 사건이었다. AP통신의 인터뷰 기사를 받아 많은 미디어에서 우리 과제를 소개하였다(예: USA Today 등).

신고식은 무사히 마쳤지만, 대부분의 기후변화 전문가에게 해조류는 전혀 듣지도 못하고 알고 싶지도 않은 관심 밖의 문제였다. 게다가 아시아에서 내놓은 주제라는 것도 이를 백안시하는 이유 중 하나였다. 더구나 연구가 진행 중이라 과학적인 자료를 제시하지 못하고 일반적인 개념만 내세울 수밖에 없었다. 이론적으로는 가능하지만, 흡수원에 대한 실증과 측정·보고·검증이 없었다. 인터뷰를 마무리하면서, 우리는 아직 불펜에 있다고 하였다. 그런데 지금까지 인증을 받지 못하고 있으니 아직도 불펜에 있는 셈이다.

<그림5> 발리 COP-13 사이드 이벤트

<그림6> 발리 누사두아 해변에서
발리 COP-13 사이드 이벤트 관련 AP통신(Associate Press) 인터뷰

3.2.2 포츠난 COP-14(2008)

무시와 무관심에도 2007년 발리를 시작으로 2008년 폴란드 포츠난 COP-14에서는 유럽의 조류학자를 초청하여 두 번째 사이드 이벤트를 가졌다. 외형적 규모나 과제의 인지도 면에서 열세인 우리 행사는 가장 관심과 참석이 적을 것으로 예상하는 시간대인 금요일 마지막 시간으로 배정받았다(그림7). 그런데도 관심을 보인 단체 전문가들이 다수 참여하여 실속 있는 결과를 얻었다(그림8). 나중에 알았지만, 유난히 질문이 많은 사람이 있었는데 이들은 벨로나 재단에서 참석한 사람들이었다. 한국 시각으로 새벽 두 시 반이라 우리는 시차를 극복하지 못하고 비몽사몽간에 행사를 진행하였다. 행사를 마치고 홀가분하게 회의장 앞에서 출장 확인 사진을 찍었다(그림9).

보안이 엄격하여 출입이 제한되는 회의장과 행사장 근처에 폴란드 환경부가 일반인을 위해 설치한 전시장에 우리가 제출한 과제 자료로 만든 홍보물이 전시되었다(그림10). 그리고 과제에 참여한 페가서스인터내셔널에서 준비한 해조로 만든 종이는 소문이 나서 많은 사람이 가져갈 정도로 인기가 있었다. 해조로 종이를 만드는 것은 펄프에 쓰이는 산림의

<그림7> 포츠난 COP-14 사이드 이벤트 게시판 홍보물

<그림8> 포츠난 COP-14 사이드 이벤트

<그림9> 포츠난 COP-14 사이드 이벤트 참가자 단체 사진

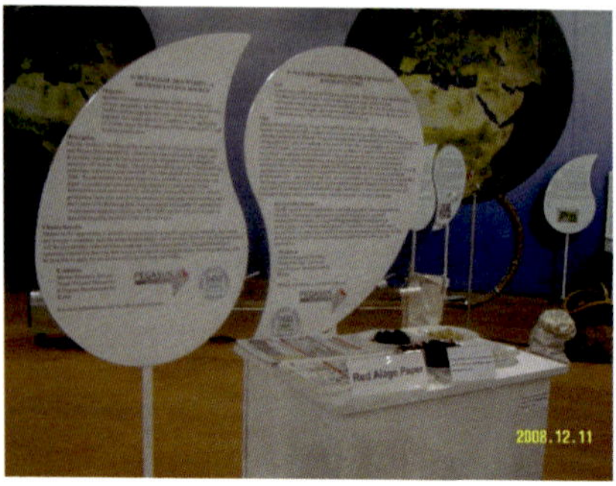

<그림10> 폴란드 환경부 주관 전시관 행사에 참여한 부산대학교와 페가서스 전시품

벌목도 줄일 수 있지만, 펄프 제조와 제지 공정에 쓰이는 에너지와 공해를 줄일 수 있는 지속 가능하고 친환경적인 미래 산업이다.

3.3 기후변화협약 당사국총회 사이드 이벤트 전시

3.3.1 코펜하겐 COP-15(2009)

두 번의 사이드 이벤트 경험에서 몇 사람의 발표와 짧은 토론으로 두 시간 정도 진행되는 사이드 이벤트보다 당사국총회 기간 2주 동안 진행하는 사이드 이벤트 전시가 더 나으리라 판단하였다. 2009년 코펜하겐에서 열린 COP-15에서는 전시장 부스를 신청하여 2주간 홍보를 하였다(그림11). 예상한 참가 인원보다 2배 이상이 모인 코펜하겐에서는 출입증을 발급받는 것부터 어려웠다. 그냥 야외에서 최소 4시간 이상 줄 서서 기다려야만 하는 아수라장이었다. 12월 코펜하겐의 추위로 주최국을 향한 원성은 더 높았다. 결국 행사장 출입증을 포기하는 참가자도 적지 않았다. 더구나 회의장과 행사장에 입장하는 인원도 제한하여 마지막 총회

<그림11> 홍보 부스를 배경으로 방문자와 함께 찍은 사진

참석을 위해 NGO들은 다들 모여 추첨을 통해 입장권을 받았다. 회의장과 행사장 출입 인원수를 제한하여 전시장 운영에 차질이 있었다. 그렇지만, 행사장 밖에서 열린 해양의 날에 참가하여 과제를 홍보하는 좋은 기회를 얻었다.

2009년 10월에 블루카본(Blue Carbon)이 제시된 것은 우리에게 특기할 사건이었다. 2006년부터 우리가 아시아 마이너 리그 불펜에서 해조류를 이용한 온실가스 저감을 주장하면서 고전하고 있는 동안, 기후변화 메이저 리그에서는 2009년 국제자연보존연맹(International Union for Conservation of Nature: IUCN)과 유엔환경계획(UN Environment Programme: UNEP)이 'The Management of Natural Coastal Carbon Sinks'와 'Blue Carbon' 두 편의 보고서를 발간하면서 드디어 블루카본을 제안하였다.

UNEP에서 발행하는 2009년 연차보고서에서는 탄소의 성격과 저장소에 따라 탄소를 색으로 분류하였다. 화석연료는 브라운카본(brown carbon), 숯 검댕은 블랙카본(black carbon), 육상 식생은 그린카본(green carbon), 그리고 해양 탄소는 블루카본(blue carbon)으로 구분하였다. 블루카본에는 바다, 산호초, 해초밭, 맹그로브, 하구와 염습지 등이 속한다. 블루카본을 처음 제시할 때에는 상생 전략으로 조류와 해조류의 생산과 복원, 보호 등을 포함하였지만, 맹그로브, 하구와 염습지, 해초밭이 빠르게 훼손되거나 소실되어 퇴적물에 함유된 탄소가 다량으로 방출되면서 문제가 제기되었다. 즉 블루카본의 보존과 복구 등에 대한 중요성이 강조되었고, 맹그로브는 산림과 같은 흡수원으로 인정받았다.

부착 생물인 해조류는 퇴적물 탄소가 없는 서식환경이라 우선순위에서 맹그로브, 염습지와 해초밭에 밀려 다루어지지 않았으나, 최근 위키백과에서 조류를 블루카본에 포함하고 있다. 특히 해조류 블루카본에 대한 설명에서 South Korea와 CCRB에 대하여 언급되고 있어 우리의 연구가 크게 이바지한 것이 분명하다.

기후변화협약 당사국총회 참석은 물론, 가능하면 기후변화 및 해양과 관련된 국제행사에 참여하여 과제를 소개하고 연구결과를 홍보하였다. 그 중 2008년 베트남 하노이에서 개최된 행사인 세계해양컨퍼런스(Global Ocean Conference)에 후원 단체로 참가하여 독자적인 세션을 배정받아 진행하였다. 후속 행사인 2009년 마나도 행사에도 참여하여 드디어 2009년 코펜하겐 해양의 날(Oceans Day at Copenhagen) 리포트에 해조류가 처음으로 언급되는 성과를 얻었다.

<그림12> 남해 소죽도 연안에 설치한 모의 해조 CDM 사업장

<그림13> 모의 해조 CDM 사업장에 설치한 시설 모형

그러나 국내 상황은 좋지 않았다. 제1차 감축 공약 기간인 2008-2012년에 맞추어 6년으로 연장되었던 연구 기간은 다시 최초 계약 기간인 5년으로 되돌아갔다. 따라서 과제 수행 전략을 전부 수정하여 '모의 해조류 CDM 사업장((가칭)'을 운영하는 팀을 주축으로 바꾸어 진행하였다. 즉 CDM 흡수원 인증 획득을 위한 MRV 방법론 개발과 사업계획서(PDD) 작성에 필요한 모의 사업장 운영에 총력을 기울였다. 우선 남해 소죽도에 모의 해조 CDM 사업장을 만들어 현장에서 조사를 시작하였다(그림12). 그림13은 모의 해조 CDM 사업장의 모형이다.

3.3.2 칸쿤 COP-16(2010)과 더반 COP-17(2011)

과제 수행 기간에 마지막으로 2010년 멕시코 칸쿤 COP-16에서 사이드 이벤트 전시를 수행하였다. 2단계로 진행한 모의 해조 CDM 사업장에서 확실한 현장 결과를 얻어 2011년에 5년 과제를 마무리하였다. 과제는 끝났지만, 2011년 겨울 남아프리카공화국 더반에서 열린 COP-17에서는 과제에 참여한 포항산업연구원팀의 후속 사업 지원으로 수행한 해조 CDM 사업의 PDD 개발 관련 내용을 홍보하였다. 5년 과제를 수행하면서 기후변화협약 당사국총회에 NGO 사이드 이벤트와 전시에 참여하여 해조류가 온실가스를 줄일 수 있다는 것을 홍보하였다. 다행히 4년 동안 익힌 안면으로 해조류를, 즉 우리를 알아보는 전문가들이 많아졌다는 것을 느꼈다. 칸쿤 COP-16과 더반 COP-17에서 그 동안 연락을 해 왔던 벨로나 재단에서 재단의 독자적인 사이드 이벤트 토론자로 초빙하여 재단이 계획하고 있는 사하라프로젝트(Sahara Project)와 바다숲(Ocean Forest) 프로젝트에 대하여 논의하였다. 이들의 잠재력에 정말 놀랐다. 우리가 먼저 시작했지만, 이들에게 조만간 추월 당할 수도 있다는 우려를 하지 않을 수 없었다.

당사국총회에 참가하면서 많은 점을 다시 생각하게 되었다. 선진국과 유명하고 힘 있는 기관들은 독자적으로 파빌리온을 운영하면서 다양한 사이드 이벤트와 네트워크 활동을 타 기관과 연계하거나 독립적으로 진행하고 있었다. 최근에는 우리도 파빌리온을 운영하고 있지만, 그 시절에는 그러한 나라와 단체가 부러웠다. 그 당시에는 기후변화에 대한 한국 대표단의 대응은 앞서서 주도하는 것보다는 뒤에서 눈치만 보며 현상을 유지하는 것처럼 보였다.

3.4 여수 세계박람회(2012)

다행히 모의 해조 CDM 사업장에서 얻은 연구결과로 국제학회에서 워크숍을 거쳐 저명한 학술지에 발표하였다. 그때의 희열은 아직도 생생하다. 2011년 4월 과제 최종보고서를 준비하고 있었다. 전남대 신종암 교수 모의 해조 CDM 사업장 생태 조사팀에서 일년생 다시마와 다년생 감태의 22개월 생육 조사 자료를 보내왔다. 감태는 수명이 5년이라 생육모델로 연간 생물량을 추정하여 이산화탄소량으로 환산하였다. 감태로 조성하여 운영한 모의 해조 CDM 사업장에서는 헥타르당 연간 16 톤의 이산화탄소가 저장되는 것으로 나타났다.

한편 포항산업과학연구원 박광석 선임연구원의 해양화학 조사팀에서는 최소 1 조석 주기 이상의 측정 자료를 분석한 용존 무기 탄소(Dissolved Inorganic Carbon: DIC) 함량의 변화에서 사업장의 순 광합성량을 추론하여 사업장에서 고정된 이산화탄소량은 헥타르당 연간 15.7~16.6 톤이라는 계산 결과를 보내 주었다. 물론 주간과 야간이 다르겠지만, 적어도 1 조석 주기로 추산하면, 모의 해조 CDM 사업장에서 사라진 용존 무기 탄소는 해조류가 광합성으로 흡수하여 유기 탄소로 고정되었을 것으로 가정하였다. 모의 해조 CDM 사업장과 주변 해역의 용존 무기 탄소 농도의 차이를 분석한 결과, 두 해역의 농도 차이 즉 감소한 용존 무기 탄소의 양만큼 정확하게 해조 유기물 생산량 즉 바이오매스와 일치하였다. 모의 해조 CDM 사업장에서 용존 무기 탄소가 광합성에 의해 다년생 해조류 바이오매스 안에 유기 탄소로 저장되어 온실가스가 감축된다는 가설을 증명하였다.

통계적으로 확실한 경우를 제외하고 일반적으로 모델이나 현장 조사 자료에서 얻은 값을 비교할 때 값이 10배 이상 차이가 나지 않으면, 즉 오더 차이가 나지 않으면 그 값들은 같은 수준으로 보고 다르지 않은 것으로 판단한다. 그런데 우리 연구에서 나온 값은 '16'과 '15.7~16.6'이었다. 아! 저절로 탄성이 나왔다. 주제넘게 아르키메데스의 유레카 때에도 이런 기분이었을 것이라는 생각이 들 정도로 흥분했다. 아직도 '정말 이런 것이 과학이구나!' 그리고 이제는 학술지에 낼 수 있겠다고 확신했지만, 여전히 해조류를 흡수원으로 주장하는 논문에 대하여 심사위원들은 호의적이지 않았다. 때마침 2012년 여수 세계박람회가 기회로 다가왔다. 부산대학교와 유엔환경계획(UNEP)은 공동으로 북태평양해양과학기구(PICES), 국제해양탐사위원회 (ICES), 유네스코정부간해양위원회 (IOC)가 공동으로 주관한 "기후변화가 세계 해양에 미치는 영향에 관한 심포지엄"의 조직위원회가 공모한 워크숍에 "연안의 블루카본: 기후변화에

<그림14> 2012년 여수 워크샵 참가자 단체 사진

대한 완화 기회와 기후변화 취약성"이란 주제로 응모하였다. 다행히 당첨되어 유엔환경계획과 박람회 조직위원회의 지원으로 개회식 전 행사로 5월 14일 워크숍을 개최할 수 있었다(그림14).

나는 "완화 및 적응 수단으로서의 해조숲과 해조밭: 한국 프로젝트 개요"라는 주제로 탄소 흡수원에 대한 해조류 생태계의 역할을 발표했다. 해조류가 국제 블루카본에서 아직 고려되지 않고 있지만, 청정개발체제 흡수원으로 해조류를 포함해야 한다고 주장했다. 해조류는 토양에 뿌리를 내리는 식물이 아니라 갯바위에 부착하여 자라기 때문에 다른 블루카본인 맹그로브, 염습지와 해초밭처럼 퇴적물 토양에 탄소를 저장하지 않는다. 그렇지만, 해조류는 생산력이 매우 크고, 빠른 속도로 자라기 때문에 바이오매스 그 자체로도 충분히 탄소를 축적하는 잠재력이 있음을 모의 해조 CDM 사업장 실험 결과를 바탕으로 주장하였다(그림15). 이를 인정하기 위해서는 육상의 흡수원 인정 시간과 다른 시간 개념의 적용을 고려해야 하는 점도 제시하였다. 즉 육상에서 산림 생태계가 극상에 도

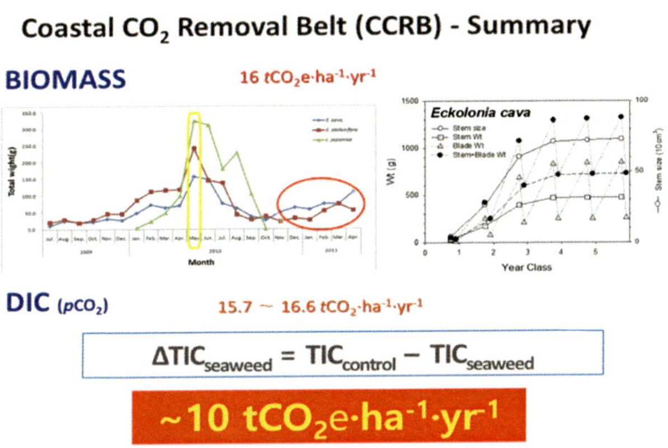

<그림15> CCRB 모의 해조 CDM 사업장 현장 조사 결과

달하는 시간은 적어도 30년 이상이 필요하지만, 연안역 갯바위 생태계에서 해조류 군집 생태계가 극상에 도달하는 기간은 3년 정도면 충분하다. 이렇게 극상에 도달하게 되는 시간의 차이와 연성 퇴적물과 부착 갯바위 저질의 특성을 고려하여 전혀 다른 시공간적인 패러다임을 적용해야 하는 것에 관한 토론도 거쳤다. 격렬하고 신랄한 비판과 조언으로 연구결과를 다듬어서 ICES Journal of Marine Science에 투고하였고, 2013년에 논문이 출판되었다. 5년 동안 10여 기관에서 150명이 넘는 연구원들이 만들어낸 결실이었다.

3.5 제2회 완도 국제 해조류박람회(2017)

2005년 방콕에서 결성된 아시아태평양조류학회 산하 감축을 목표로 한 '조류를 이용한 온실가스 저감 아시아 네트워크'는 한국에서 수행한 '해조류를 이용한 온실가스 저감 연구'의 지원으로 관련 국내외 학회와 아시아태평양조류학포럼에서 지속적으로 활동하고 있었다. 2015년 파리협정 이후 신기후제제로 전환되면서 네트워크 활동도 변화가 필요하였다. 2016년 말레이시아 워크숍에서 해양 산성화, 해조류 NDC을 다루었고, '조류를 활용한 감축 및 적응 아시아 네트워크'로 수정안이 나왔다. 수정안에 대한 토의는 2017년 완도에서 열린 국제 해조류 박람회 학술행사에서 이루어졌다. 박람회 부대행사로 열린 '블루카본으로서 지속 가능한 해조산업 국제 컨퍼런스(International Conference on Sustainable Seaweed Industry for Blue Carbon)'에서 '해조 솔루션(Seaweed Solution)과 네트워크의 활성화 방안'을 논의하였다. 워크숍 토의 결과를 바탕으로 전 홍콩 중문대학교 Put Ang 교수가 그림에 정리하였다(그림 16). 해조 솔루션의 기초는 해조 양식장, 해조 기반 IMTA와 자연 해조 숲에서 시작된다. 이곳은 생태적으로 서식처를 이루고, 광합성을 통해 이산화탄소와 영양염을 흡수하여 일차생산자의 역할을 한다. 산소가 공급되고 pH가 상승한다. 즉 해조류가 이산화탄소 흡수원, 생물 환경 정화, 해양 산성화 적응과 산소 공급 등의 역할을 함으로써 기후변화 완화 및 적응 방안이 될 수 있음을 보여준다. 또한, 경제적인 측면에서도 생태계 서비스로 먹이와 사료, 비료와 생체 활성 물질 등의 공급 서비스 기능은 물론, 탄소 대체 사용으로 생물 연료, 조류 전지, 해조 종이, 해조 시멘트 등으로 화석연료 사용을 줄이는 감축 방안이 될 수 있다.

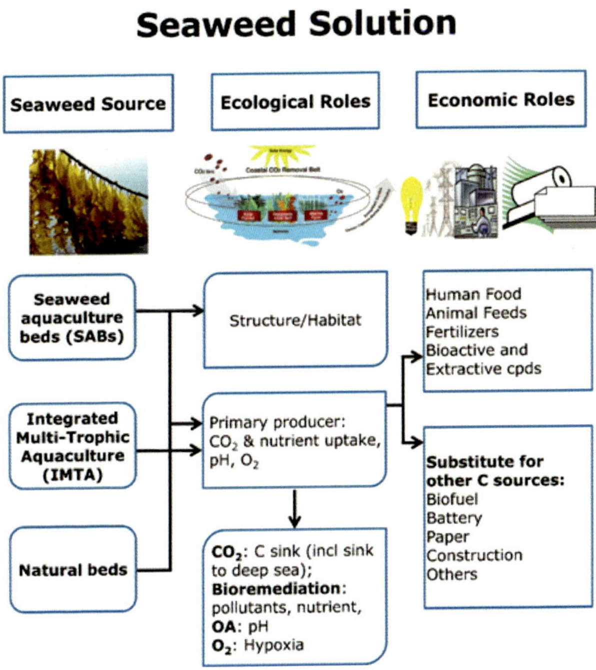

<그림16> 해조 솔루션 - '해조류가 답이다'를 설명하는 모식도. Put Ang 교수 정리(2017)

해조류의 일차생산자로서의 생산 기능, 이들의 경제적인 혜택과 생태계 서비스를 고려한다면, 해조 솔루션은 감축과 적응을 함께 연계할 수 있는 전략이다. 또한, 지속 가능하고 친환경적인 방안이며, 경제적으로도 타당한 선택이다.

워크숍에서 해조 솔루션의 신기후체제의 NDC로 활용방안과 실행 방안을 논의하였다. 실행 방안 중 하나로 '탄소제로해조마을(Carbon Zero Seaweed Town: CØST)'이 제시되었다. CØST란 해조 솔루션을 적용하여, 해조 양식을 기반으로 감축과 적응을 하고, 실행 가능한 해양 에너지 방안도 활용하여 탄소 수지가 제로인 사회이다. 2017년 4월 14일 산업계와 학계 그리고 완도군 공무원과 함께 해조 산업이 주된 경제 활동인 완도군에서 CØST의 시작을 선언하였다.

CØST의 핵심 활동은 (1) 자연 해조 생태계를 보전하고, (2) 해조 양식장을 확충하면서, (3) 해조 바이오 연료 기술을 발전시키는 것이다. 특히 해조 양식장은 IMTA의 활성화, 수확한 해조 바이오매스의 활용과 해조 유기 탄소를 심해 저장으로 감축하는 방법에 대한 인증도 필요하다. 즉 해조 탄소 포집, 활용과 침강(Seaweed Carbon Capture, Utilization and and Sink: Seaweed CCUS)에 대한 공동 협력 방안이 현재 논의되고 있다.

'조류를 이용한 온실가스 저감 아시아 네트워크'에서 '조류를 활용한 감축 및 적응 아시아 네트워크'로 전환함에 대하여 동의하였다. 이러한 네트워크를 지역별로 유럽, 북미, 남미, 아프리카 등의 지역 네트워크로 발전시켜 전 지구 네트워크(Global Network of Algae as Mitigation and Adaptation Measures: G-NAMAM)를 만들어 확대하는 안을 채택하였고, 2019년 4월에 제주에서 열리는 국제해조심포지엄에서 G-NAMAM을 제안하였다.

3.6 '해조류를 활용한 해양산성화 완화 잠재력 추정 및 실행 계획 연구' (2016-2018)

2007년 인도네시아 발리 COP-13 사이드 이벤트로 기후변화 무대에서 최초로 해조류를 소개한 이후 꾸준한 홍보와 연구 활동을 계속하고 있던 2016년에 한국연구재단의 지원으로 '해조류를 활용한 해양산성화 완화 잠재력 추정 및 실행 계획 연구'를 2018년까지 2년간 수행하였다. 연구 목표는 해조류를 활용하여 해양 산성화에 대응하는 적응 방안인 '해조적응실행계획(Seaweed Adaptation Action Plan: SAAP)'을 제시하고 기후변화에 대응한 어촌사회와 양식산업의 기후변화 적응 능력을 높이고자 하였다. 이미 잘 알려진 자연현상으로 '해조류가 해수에 녹아 있는 이산화탄소(중탄산염)를 흡수하는 광합성 과정이 기후변화에 대응하여 해양 산성화 진행을 완화할 수 있는 적응방안이다'라는 가설을 설정하고, 이러한 과정을 현장과 실험실 실증 연구를 통해 확인하였다. 그리고 해조류를 이용한 기후변화 적응 방안으로 SAAP를 신기후체제 하의 NDC 방안으로 제시하고자 하였다. SAAP을 이행하면, 낙후된 어촌사회와 어자원 감소로 기능을 상실한 어촌 항구의 인프라를 활용하여 다 영양단계 복합양식(Integrated Multi-Trophic Aquaculture: IMTA 혹은 친환경 통합 복합영양단계 양식)을 적용하여 일자리와 안정된 소득원을 확보할 수 있으며, 해조 생산량을 이용한 식품 및 천연물 가공 산업은 물론 바이오 연료(biofuel)로 전환도 가능한 지속가능한 방안임을 강조하였다.

'해조류를 활용한 해양산성화 완화 잠재력 추정 및 실행 계획 연구'과제의 홍보 활동으로 2017년 11월 독일 본에서 열린 제23차 기후변화 당사국총회(COP-23) 사이드 이벤트 전시에 참여하였다. 전시한 내용은 2017년 4월, 완도 국제 해조류박람회 기간 동안 개최된 '블루카본으로서 지속 가능한 해조산업 국제 컨퍼런스' 워크샵에서 도출된 '탄소제로해조마을'과 '조류를 활용한 감축 및 적응 아시아 네트워크'를 홍보하였다(그림17). 다행히 부스 위치가 전시장을 가로지르는 가운데이고, 2층 계단 입구라, 나름대로 홍보 효과가 좋았다. 홍보 자료는 COP-23 사이드 이벤트 누리집에 올려져 있다(그림18).[3] 기후변화협약 옵서버 조직 연락 담당관인 메구미 엔도씨도 지나가다 알아보고 함께 하는 시간을 가졌다.

<그림17> 홍보 부스 사진.
포스터 배너 AMAMAM 과 CØST는 해양의 날 행사장에도 설치하였다.

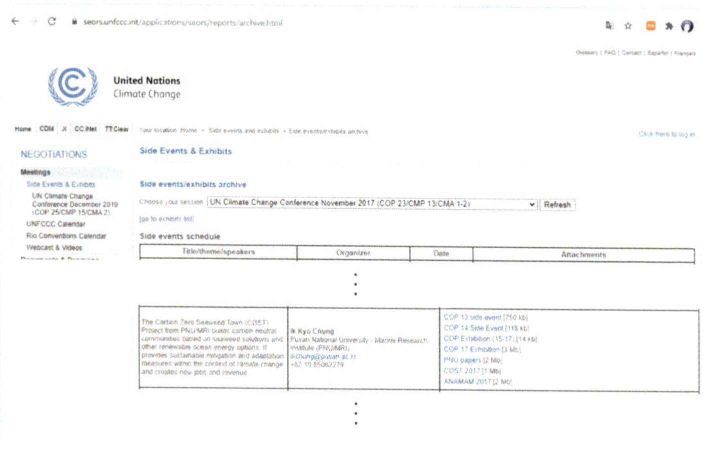

<그림18> COP-23 SEORS 사이드 이벤트 홍보 자료 목록

<그림19> 한국관에서 열린 대학생의 기후변화청년단체
Green Environment Youth Korea (GEYK)의 'Asian Youth Dialogue on New Climate
Regime and Youth Perspectives' 사이드 이벤트 행사 사진[4]

이번에도 한국은 사이드 이벤트 전시장에 한국관(Korean Pavilion)을 세우고, 다양한 활동과 함께 자체 사이드 이벤트 프로그램을 진행하였다. 이제 당사국 총회에서도 우리의 위상이 상당히 높은 것을 실감하였다. 한국관의 행사 중 하나로 기후변화청년단체(Green Environment Youth Korea: GEYK)가 'Asian Youth Dialogue on New Climate Regime and Youth Perspectives'라는 주제로 부대행사를 개최하였다(그림19). 한국 청년들이 독자적으로 행사를 준비하여 멋지게 진행하는 것이 자랑스러웠다. 아마도 한국관이 없었다면 이런 프로그램을 하기가 어려웠을 것이다. 새삼 높아진 한국의 위상을 실감하였다.

대표단 자격을 가진 사람만 출입할 수 있는 '불라 존(Bulla Zone)'과 달리 라인아우에 공원에 임시로 설치된 한 건물인 '본 존(Bonn Zone)'에는 사이드 이벤트 전시장과 파빌리온이 자리잡았다. 이곳은 참가자들이 자유로이 출입할 수 있다. 밖은 추운 독일의 겨울이지만, 본 존의 실내는 다양한 설치물로 열대 섬의 풍광을 보여주는 분위기라 의장국이 피지임

3 https://seors.unfccc.int/applications/seors/reports/archive.html
4 https://geyk.org/2017/11/16/unfccc-기후변화협약-cop23-참석한-geyk/

을 확인할 수 있었다. 피지는 실제 기후변화로 인한 피해를 입고 있는 곳이라서 개발도상국 입장에서 관련된 이슈들이 활발하게 다루어졌고, 적응에 대한 논의와 그에 따른 성과가 있던 것으로 평가되고 있다.

전시 홍보 목적 출장의 주요 활동 중 하나로 당사국 총회 사이드 이벤트 '해양의 날' 행사에 참가하였다(그림20). 주최 측의 허가를 받아 홍보 포스터 배너를 행사장에 설치하였다(그림21). 행사를 주관한 빌리아나 시신세인 교수는 유네스코 세계해양회의 공동의장이자 미국 델라웨어대학교 맹곤센터 소장으로서 세계 해양계의 대표적 여성학자로 부산에서 열린 '2010 세계해양포럼(World Ocean Forum: WOF)'에 기조강연자로 참석한 바 있다. 나와의 인연은 2008년 베트남에서 열린 '4차 해양-연안-도서역 국제회의: 생태계 특별관리 및 연안 및 해양역 통합관리(2008년 4월 7-11일 베트남 하노이)'와 2009년 인도네시아 마나도에서 열린 'World Ocean Conference'에서 우리 과제의 소개와 연구 결과를 홍보할 기회를 주었고, 이후 해조류와 기후변화에 많은 관심을 보여 주었다. 행사가 끝난 뒤 시신세인 교수, 발고스 박사와 함께 하였다(그림22). 안타깝게도 2020년 9월 시신세인교수의 부음을 들었다. 기후변화 협상에서 해양 및 기후 문제에 대한 정치적 관심을 높였으며 해양 거버넌스 분야에서 중요한 지도자였던 한 사람을 잃었다. 가족들이 제공하는 홈페이지에서 시신센인 교수의 삶과 그녀의 리더십을 되돌아 볼 수 있다.[5]

우리 전시 활동에 몰두하여 몰랐는데 미국관이 없었다. 미국관에서 주관하는 NASA 위성 자료 전시와 사이드 이벤트는 접하기 어려운 정보와 화려한 전시라서 당사국총회에 갈 때 꼭 참석했다. 그런데 트럼프 대통령의 협약 탈퇴로 미국은 공식적으로 불참하였다. 우선 개인 자격으로 참여한 미국 참여자들은 트럼프 행정부를 비난하고 기후변화 대응 약속

---

5 https://www.celebrationofbilianaslifeandlegacy.com 참고.

<그림20> 해양의 날 행사 의장인 고 빌리아나 시신세인교수

<그림21> '해양의 날' 행사장안 출입구에 설치한 포스터 배너

<그림22> 행사장 입구 배너 앞에서 고 빌리아나 시신세인 교수(좌)와 미리앰 발고스 박사(우).
현재 발고스 박사는 고 시신세인 교수의 Global Ocean Forum (GOF) 의장과 IOC 이사직을 당분간 수행하고 있다.

이행을 촉구하였다. 뒤늦게 개관한 미국관에서 참여자들은 “America's Pledge #we are still in”이란 문구의 작은 배지를 달고, 방문자에게도 나누어 주었다(그림23). 미국 국민이 선택한 대통령의 결정이라 뭐라고 할 수 없고, 미국의 미래가 한 개인의 생각에 따라 결정된 셈이지만, 전 지구인의 보편적인 상식에 반하는 행동을 거침없이 하는 것을 보니 황당하고 불편하지만, 엄연한 현실이었다.

<그림23> 본 COP-17(2017)에 참가한 미국 참여자의 생각을 보여주는 배지
- 미국의 약속 - 우리는 여전히 함께 하고 있다.

첫째 주 5일간의 전시를 끝내고 한식을 먹으려고 본에 갔다. 한식당을 찾지 못하고 헤매다가 거의 포기하려는 순간 우연히 눈에 띈 한식당이라 오랜만에 제대로 식사를 해결하였다. 식당은 초만원이라 미리 주문하고 기다려서 겨우 자리를 잡았다. 한국 대표단으로 보이는 손님들의 대화에서 동료와 야식을 위해 김밥과 만두를 포장해서 나가는 것을 보니 아직 해야 할 일이 많이 남은 것 같았다. 마지막 기차 시간 전까지 본의 옛 시가지를 둘러보고, 문을 닫은 베토벤하우스 생가 박물관 앞에서 출장 확인 사진도 남겼다. 사이드 이벤트 전시장에는 2020년에 개최될 베토벤 탄생 250주년을 기념하는 홍보 장소에 기념 사진 촬영자리도 있었다(그림24).

얼마 전부터 기후변화 당사국 총회 사무국에서 환경보호 차원에서 사이드 이벤트 참여 단체에게 종이 인쇄물 반입을 강력하게 금지하여 대부분의 홍보 자료는 사이드이벤트 홈페이지에 올렸고, 짐은 포스터와 배너뿐이었지만 보관함이 길어 따로 부쳐야 했다. 겨울 여행이라 짐의 부피가 커서 이동이 쉽지는 않았다. 더구나, 참가 결정이 늦어 행사장 근처에서 멀리 떨어진 안더나흐 기차역 앞에 숙소를 얻어 매일 기차편으로 이동하였다. 기차도 환승해야 하는 편이 많아 항상 긴장하고 있었다. 기후변화 본부 총회장역에서 전시 장소까지는 행사 셔틀버스 또는 시내버스로 이동해야 했다. 끝날 때쯤에야 겨우 이동 경로가 낯설지 않았다. 어디나 겨울 기차역은 바람이 매섭고 추운 것은 마찬가지인 것 같다. 전시물 운반과 전시장 운영을 도와준 대학원생 강진우(현 수산자원관리공단) 박사는 추위로 고생이 많았다. 강 박사는 역마살 사주를 가진 지도교수를 만나서 아프리카 모로코 마라케시 COP-22에도 함께 참석한 바 있다.

<그림24> 본 베토벤하우스 앞 베토벤 동상과 행사장 안에 있는 동상과 함께 찍은 기념 사진

3.7 최근 해조류와 기후변화 관련 동향

3.7.1 바다숲이 기후 위기 저감에 기여할 수 있을까?

엠마 브라이스 (엔시아, 2020. 6. 24)

2020년 2월 하와이에서 열린 미국양식학회(AA2020)를 마치고 이동 중에 런던에 거주하는 프리랜서 저널리스트로 환경, 기술 및 음식에 대해 글을 쓰고 있는 엠마 브라이스(Emma Bryce)가 해조류와 기후변화에 대한 인터뷰 요청을 하였다. 내가 갖고 다니는 저장 장치에 있는 '해조류를 이용한 온실가스 저감 연구' 자료와 이전에 기후변화 당사국 총회 사이드이벤트에 참가하면서 올린 홍보 자료를 보냈고, 전화로 의견도 나누었다. 브라이스 씨는 6월 엔시아지에 올린 기고문에서 켈프 숲이 기후를 위해 할 수 있는 해결 방안에 대하여 고찰하고, 최근 진행되고 있는 다양한 프로젝트를 소개하였다. 기고문 내용을 요약하면 다음과 같다. '해조숲에 의해 격리된 탄소의 양은 블루카본인 맹그로브, 염습지 및 해초밭의 세 서식지 모두의 양과 비슷하지만, 너무 오랫동안 간과되어 왔다.'는 사우디 아라비아의 킹압둘라 과학기술대학의 두아르테(Carlos Duarte) 교수의 주장을 언급하였다.

호주 태즈매니아 켈프 숲 복원 사업과 기금 모금 활동, 영국의 남부 서섹스(Sussex) 해안의 켈프 숲 복원 사업("Help Our Kelp")과 트롤 어업 금지 관련 캠페인, 그리고 현재 필리핀에서 시험 중인 폰 헤르첸 박사의의 해양영구양식(Marine Permaculture)을 소개하였다.

특히 두아르테 교수가 주관하는 해양 2050 재단(Oceans 2050) "해조탄소재배 - 해조 양식을 통한 탄소 고정(Seaweed Carbon Farming - Carbon sequestration with seaweed farming)" 프로젝트는 세계의 해조 양식장

을 대상으로 해조류 양식에 적용될 수 있는 탄소 배출권 프로그램 개발을 시작했다. 해양2050재단은 스쿠버다이빙의 창시자인 자크 이브 쿠스토(Jacques-Yves Cousteau)의 손녀인 알렉산드라 쿠스토(Alexandra Cousteau)가 이끌고 있다. 언젠가는 켈프 양식장에 탄소 배출권을 투자하거나 켈프 숲 복원이 온실가스 저감 활동으로 간주할 수 있는 세상을 상상할 수 있을 것이다.

원문 제목: Can the forests of the world's oceans contribute to alleviating the climate crisis?

엔시아(Ensia)는 변화하는 지구에 대해 솔루션 중심의 담론을 알리는 비영리 매체이다.[6] 현재 지구 기후변화, 생물다양성 감소, 물 문제, 상태가 좋지 않은 생태계 등 문제가 만연하다. 솔루션도 풍부하고, 시민, 과학자, 산업 및 비영리 지도자, 정책 입안자들 모두는 세상을 바꿀 수 있는 지식과 통찰력을 가지고 있지만, 빠진 것은 담론과의 연결이다. 여기에 Ensia가 발을 들여 놓았다. 격주간으로 뉴스레터를 발간하고 있다.

저자: 엠마 브라이스(Emma Bryce)는 런던에 거주하는 프리랜서 저널리스트로 환경, 기술 및 음식에 대해 글을 쓰고 있다.[7]

3.7.2 해조류가 지구온난화를 막을 수 있을까?

긍정적 생각을 하는 사람이 많아지고 있다.

이안 윌슨 (블룸버그 뉴 에너지 파이낸스, 2020. 6.16)

2020년 5월 18일 일본 도쿄에 있는 블룸버그 뉴 에너지 파이낸스

6 https://ensia.com/features/kelp-carbon-sequestration-climate-mitigation)

7 http://www.emmabryce.com

(Bloomberg New Energy Finance: BNEF) 편집인으로부터 해조류와 탄소 저감의 최신 동향에 대하여 인터뷰를 요청하는 이메일을 받았고, 5월 21일 오후에 전화로 인터뷰하였다. 3주일 후 전화로 논의한 내용을 바탕으로 BNEF 편집인이 작성한 기사 초안에 대한 나의 검토를 요청하였고, 해조 양식장 사진도 부탁했다. 국립수산과학원 황미숙 해조류센터장이 보내준 사진과 함께 답신을 보냈다. 6월 16일에 나온 기사는 나를 포함하여 유럽에서 가장 큰 해조 양식회사의 하나인 Ocean Rainforest의 올라부 그레겔센(Olavur Gregersen) 이사, Current Biology에 실린 논문의 주저자인 산타바바라 캘리포니아주립대 해양학과 프로리히(Haley Froehlich) 교수, TED 강연자인 호주의 플래너리(Tm Flannery) 교수, 그리고 LA에 있는 Primary Ocean 사와 유럽의 Ocean Rainforest, 미국 에너지부(Department of Energy: DOE)의 고등 연구 프로젝트(Advanced Research Projects Agency-Energy: ARPA-E)와 함께 에너지 생산을 위한 해조류 재배에 대한 협력 연구 등에 대하여 소개하였다. 다음은 기사에 실린 내용 중 내가 한 인터뷰 관련 부분이다.

> 정 교수는 해조류가 어떻게 탄소를 포집하여 저장할 수 있는지를 연구하는 프로젝트를 한국 정부에 제안한 그룹의 일원이었고, 과제 연구비를 받아 총괄 연구책임자로 2006년부터 2011년까지 5년간 수행하였다. 정 교수는 인터뷰에서 "15년 전 내 실험은 현장에서 의미 있는 실증 자료를 얻기 위한 첫 번째 시도였다."라고 말했다. 또한 심해에 저장하면 100년 이상 또는 그 이상 머무를 수 있고, 이러한 포집 및 저장에 대한 이론적 근거를 개발한다면 해조류는 매우 매력적인 저감 방안이 될 수 있음을 시사하였다. 물론 비용도 고려해야 하지만, 고품질 해조류 제품의 가격은 현재 거래되고 있는 탄소 가격보다 매우 비싸기 때문에 해조를 수백년 동안 심해에 방치할 이유가 거의 없다고 정 교수는 말했다. "결론적으로 해조류 탄소 심해 격리(저장)는 탄소 거래 시장에 의존하는 것이 아니

라 정책 입안자의 의지에 달려 있다"며 탄소에 대한 적절한 가격 결정에 따라 이러한 포집 및 저장 방안이 매력적 대안으로 보일 것이라고 덧붙였다. 정 교수는 "육상 공간은 더 이상 확장할 수 없지만, 연안이나 외양으로 나간다면 확장 가능한 공간을 갖게 된다"며 해상 풍력 단지와 다양한 해상 플랫폼에서 해조류가 자라는 것을 예견한다고 덧붙였다.

원문 제목: Can Seaweed Fix Global Warming? A Growing Number Think So

출처: 블룸버그 뉴 에너지 파이낸스(Bloomberg New Energy Finance)는 웹사이트, 모바일 및 터미널을 통해서 에너지 패러다임의 기술, 재무, 경제 및 정책 추세에 대한 명확한 전망을 제공하고 있으며, 청정 에너지와 탄소 시장 분야에 관한 독립적 분석, 데이터, 뉴스를 다루고 있다.[8]

저자: 이안 윌슨(Iain Wilson)은 Bloomberg NEF의 편집자로서 최종 고객에게 BNEF 분석 및 연구를 제공하는 전문가이다. 도쿄에 주재하며 2011년부터 상품 및 재생 에너지를 다루고 있다.[9]

3.7.3 해조로 세상을 구하려는 바다 농사꾼

멜리사 고딘(타임, 2020. 09. 04)

2020년 9월 타임지에 실린 해조류와 기후 변화 해결방안에 대한 고딘(Melisa Godin)의 기고문이다. '해조 전문가' 또는 '켈프 할아버지'라고 불리는 캐나다 브리티시 콜롬비아에서 해조 양식장을 운영하고 있는 사이먼 프레이져 대학교 드룰(Louis Druehl) 명예교수의 해조 인생을 조명하면서 실제로 해조류가 대기에서 배출되는 탄소를 식물의 광합성으로 흡

8 https://www.bloomberg.co.kr/product/bnef/

9 https://twitter.com/iainpwilson

수하는 것이 가장 효과가 좋은 자연 친화 방법임을 강조하였다. 또한 사료에 해조를 첨가하여 축산 분야의 메탄 발생을 감소시키거나, 바이오 연료로 전환, 식량(단백질) 생산 등 해조를 세상을 구하는 다양한 잠재력을 소개하였다. 그리고 이러한 해조 산업이 코로나19로 인한 대량 해고와 경제 침체에서 해조 산업이 일자리를 제공해서 지역사회를 살릴 수 있으며, 기후 변화 해결책임을 낙관적으로 전망하고 있다.

드를 교수는 북미에서 처음으로 해조 양식을 시작하였고, 평생을 해조 연구는 물론 해조 요리책 등 베스트 셀러의 저술까지 해조 인생을 살고 있다. 그는 OPEC 석유 위기 때 해조류를 바이오 연료로 전환하는 대체 에너지 개발 프로젝트에도 참가했다. 지난 10년 동안 식품 공급원, 탄소 흡수원 옵션 및 소비자, 농부, 연구자 및 산업계 리더가 주목하는 재생 가능 제품에 대한 해조류의 관심이 높아지면서 2019년 해조류의 추정 가치가 590억 1천만 달러로 두 배 상승하였다. 최근 기후 변화 해결책으로서 해조류에 대한 연구가 크게 확대되면서 지난 5년간 해조를 다룬 관련 학술 기사와 아울러 전 세계적으로 등장하고 있는 다양한 해조 재배 프로젝트를 소개하였다. 현재 세계적으로 사우디 아라비아에서 미국 뉴햄프셔까지 해조 양식 어민과 연구진이 사료, 바이오 연료, 바이오 플라스틱 등의 개발을 추진하고 있다. 아직 걸음마 단계이지만, 해조의 미래는 낙관적이다.

원문제목: The Ocean Farmers Trying to Save the World With Seaweed[10]

출처: 타임(Time)지는 미국 주간지로 세계 최대 규모의 주간지이자 전세계에서 가장 영향력 있는 잡지 중 하나이다.

저자: 멜리사 고딘(Melisa Godin) 기후 변화, 젠더와 인권에 대해 보도하는 기자이다. 파리 지국에서 일한 적이 있고, 현재 런던에 있는 타임지 국제부에서 글을 쓰고 있다.[11]

3.7.4 켈프 시대가 오고 있다 - 해조류가 재앙적 기후 변화를 어떻게 막을 수 있을까?

마이클 마샬 (뉴사이언티스트, 246권 3282호, p. 36-39, 2020. 5. 16)

맛있는 김밥을 만드는 재료부터 플라스틱까지 만들 수 있는 해조류는 다양하게 우리 생활에 이용되고 있으며, 그 잠재력은 무궁무진하다. 대규모 해조 양식을 이용하여 오염된 해수를 정화하고, 생물 다양성을 회복시키며, 해역의 생산성을 높이기도 한다. 또한 대기에서 이산화탄소를 흡수하고, 온실가스 배출을 억제하여 지구를 지키는 중요한 역할을 하고 있다.

해조는 식품 그 이상의 물질이다. 일반적으로 건강에 좋은 영양소가 매우 높은 식품을 슈퍼 푸드라고 한다. 해조가 가진 갑상선에 필요한 요오드, 항산화제 화학물질, 항비만제 효과가 있는 푸코크산틴, 그리고 높은 섬유질, 아미노산과 단백질 함량 등을 보면 해조류는 분명히 슈퍼 푸드이다.

아직 실험실 수준이지만 가축 사료에 첨가한 해조류가 젖소의 메탄 방출을 줄인다는 연구 결과도 축적되고 있다. 육상의 바이오 연료는 우선 식량 공급에 부담을 주며, 경작지, 관개수, 비료 등이 필요하지만, 해조류는 이러한 것들은 필요로 하지 않아 부정적인 영향이 거의 없다. 남태평양대학의 뉴얼트(Antoine de Ramon N'Yeurt) 교수는 해양 표면적의 9%를 해조 숲으로 확장하고, 이들을 바이오 연료로 바꾸면 이산화탄소 농도를 산업혁명 이전 수준으로 되돌릴 수 있다고 추정하였다.

---

10 https://time.com/5848994/seaweed-climate-change-solution/

11 melissa.godin@time.com

원문 제목: Kelp is coming: How seaweed could prevent catastrophic climate change[12]

1956년 창간된 영국 과학 주간지 '뉴사이언티스트(New Scientist)'는 가장 영향력 있는 과학저널 중 하나다. 과학 소식과 함께 다양한 연구 결과를 소개하고, 중요한 과학 이슈를 발굴하는 등 깊이 있는 기사를 다루고 있다.

저자: 마이클 마샬(Michael Marshall)은 프리랜서 과학 전문 저널리스트이며, 생명 과학과 환경 과학에 중점을 두고 글을 쓰고 있다.[13]

3.7.5 해조 '숲'은 기후 변화에 맞서 싸울 수 있다

토드 우디 (내셔널 지오그래픽, 2019. 8. 29)

해조 '숲'은 기후 변화에 맞서 싸울 수 있다. 해조를 재배하고, 이를 바다 밑바닥에 가라 앉히는 것이 지구 온난화와 싸우는 효과적인 방법이 될 수 있는데 왜 하지 않을까?

열대 우림 및 기타 중요한 탄소 흡수원이 파괴되어 사라지고 있다. 이에 기후 변화에 대응하기 위해 해조류 양식의 잠재력을 제시하였다. 바다 숲을 이루는 켈프와 기타 거대 해조류는 빠르게 성장하여 탄소 저장에 매우 효율적이다. 해조류는 또한 산성화, 빈산소화 및 지구 온난화 등 해양에 미치는 기후변화의 영향을 줄여 바다의 생물 다양성 유지와 수억 명의 식량 및 생계에 도움을 주고 있다. 2019년 산타바바라 캘리포니아주립대학 헤일리 프로리히(Halley Froehlich) 교수는 학술지 Current Biology에 게재한 논문에서 "해조가 마침내 주목을 받고 있다"고 주장하고, 지상의 탄소 배출을 상쇄하고, 거대 해조류 재배에 적합한 해역을 물색하여 처음

---

12 https://doi.org/10.1016/S0262-4079(20)30935-0

13 https://www.michaelcmarshall.com/about.html

으로 전 세계 해조 양식 용량에 대한 정량화를 시도하였다. 캘리포니아 연안역의 3.8%는 거대 해조류 재배에 적합한 전 세계 해양의 0.065%이며, 이곳에서 해조류를 재배하면 500억 달러 규모의 미국 농업에서 배출되는 이산화탄소 배출을 상쇄할 수 있다. 따라서 전 지구적으로 4,790만 Km^2의 바다가 해조류 재배에 적합한 해역이라고 보고하였다.

실제로 해양 생태학자들은 해조류를 바다와 육지에서 다양한 환경 문제를 해결하는 "스위스 군용 칼"과 같은 능력과 비유해서 "매력 있는 만능 탄소"라고 칭한다. 산성화 및 빈산소화를 막고, 과도한 영양분을 흡수하고, 해양생물의 쉼터를 제공하는 해조류의 잠재력 이외에도 해조류는 바이오 연료로 가공될 수 있다. 또한 가축 사료에 해조류를 첨가하면 소와 같은 초식 가축(전 세계 온실 가스의 중요한 공급원)에서 발생하는 메탄 배출량을 70%까지 줄일 수 있으며, 석유 기반 비료를 대체하는 농업용 토양 보충제로도 사용할 수 있다.

그러나 Primary Ocean사의 최고 경영자인 스코티 슈미트(Scotty Schmidt)는 "해조류 크레딧이 유통되는 탄소 시장이 아직 없기 때문에, 탄소 포집 및 저장만을 위한 해조류 재배는 현재로서는 실행 가능한 사업이 아니다"라고 조언했다. 따라서 국제 탄소배출권 시장에서 해조류를 합법적인 온실가스 감축원으로 인증 받는 것이 더 큰 과제 중 하나이다. 이를 위해 해조류 양식에서 탄소 배출권을 청구하는 데 사용할 수 있는 탄소 배출권 프로토콜이 필요하며, 아울러 쉽게 해조 양식장 설치 허가를 받을 수 있는 규제 정비도 필요하다.

아직 해조류는 식품, 의약품 및 미용 제품에 사용하기 위해 소규모로 재배되고 있으나, 해조류를 재배하여 수확한 다음 심해에 가라 앉혀 수백 년 동안 저장할 수 있는 규모의 양식장 설립도 대안이다. 그러나 사우디아라비아 홍해연구소의 두아르테(Carlos Duarte) 교수는 해조류는 매우 귀중하고 가치 있는 물질을 생산할 수 있어 심해에 폐기하는 것보다는 기후 변화 완화에 기여하면서 이를 활용하는 훌륭한 방법이 있다고 밝혔다.

원문 제목: Seaweed 'forests' can help fight climate change
내셔널지오그래픽은 미국국립지리학회(National Geographic Society)에서 발행하는 정기 간행물이며, 세계 탐험, 문화, 야생 동물, 역사, 주요한 시사 문제 등의 다양한 주제를 다루고 있다. 잡지, TV 채널을 운영하고 있으며, 단편 드라마도 제작하고 있다.[14]
저자: 토드 우디 (Todd Woody)는 미국 캘리포니아에 기반을 둔 저널리스트이다. 해양, 기후 변화, 야생 동물, 멸종 위기에 처한 생물, 물, 가뭄, 재생 가능 에너지 및 녹색 기술을 포함한 다양한 환경과 과학 기술 문제를 주로 다루고 있다.[15]

3.7.6 지구를 위해 해조류를 요리하는 한국

레미 바루 (르몽드; 2019. 9. 6)

유명한 프랑스 일간지 르몽드(Le Monde)는 2019년 9월 '지구를 위해 해조류를 요리하는 한국'이라는 제목의 한국 현장 리포트 기사에서 환경과 건강에 좋은 해조류를 미래의 먹거리로 소개하며, 이곳의 해조 생산도 기후변화에 적응해야 한다고 밝혔다. 2019년 여름에 전라남도(해남, 완도 신안 등)을 방문한 레미 바루(Rémi Barroux)는 한국의 해조 산업 현장을 취재하고 관련 기사를 실었다. 중점 내용은 다시마·미역 등 해조류는 건강과 식이요법에 이점이 있으며, 광합성 작용을 통해 온실가스 주범인 이산화탄소를 흡수해 지구온난화에 대응하는데 도움이 된다는 점을 강

14 https://www.nationalgeographic.com
15 https://www.toddwoody.com/

조하였다. 기사가 나온 뒤 월간지 '현대해양'을 포함한 우리나라 여러 언론 매체에서 이를 소개하였다. 식품 관련 잡지인 '리얼푸드'에서는 미래의 먹거리로 주목 받은 '해조류'에 대한 내용을 다루었다.

원문 제목: La Corée du Sud veut convertir la planète aux algues[16]
르몽드(Le Monde)지는 1944년 프랑스 파리에서 언론인 위베르 뵈브메리가 창간한 일간지로 좌파 경향 논조로 유명하다. 세계적으로 권위 있는 일간신문으로 우파를 대변하는 피가로지와 함께 프랑스 신문사의 양대 산맥이다.
저자: 레미 바루 (Rémi Barroux)는 르몽드지 플래닛 서비스부 기자이며, 지속 가능하고 사회적이며 평등한 개발과 관련된 글을 쓰고 있다.[17]

---

16 https://www.lemonde.fr/planete/article/2019/09/06/la-coree-du-sud-veut-convertir-la-planete-aux-algues_5506994_3244.html

17 https://www.lemonde.fr/signataires/remi-barroux/

학습 요약 정리 3

1. 교토의정서는 기후변화협약에 따른 온실가스 감축 목표에 관한 의정서로 교토프로토콜이라고도 한다. 지구온난화 규제 및 방지를 위한 국제협약인 기후변화협약의 구체적 이행 방안으로, 선진국의 온실가스 감축 목표치를 규정하였다.

2. 교토메커니즘은 배출권 거래(Emission Trading: ET), 공동이행(Joint Implementation: JI), 청정개발체제(Clean Development Mechanism: CDM)를 포함한다.

3. 당사국총회 사이드 이벤트(Conference of Parties: COP)(Side Event) : 기후변화협약 당사국 총회(Conference of Parties: COP)의 공식 사이드 이벤트는 사이드 이벤트와 전시로 구분한다.

4. 산지전용 및 산림황폐화로 인한 배출 감축(Reduced Emissions from Deforestation and forest Degradation : REDD+)이란 산지전용 및 산림황폐화로 인한 온실가스 배출을 감축하고 산림탄소흡수량을 유지·증진하기 위하여 합의한 활동을 말한다. ☞ 탄소흡수원 유지 및 증진에 관한 법률

5. 탄소의 성격과 저장소에 따라 탄소를 색으로 분류하며, 화석연료는 브라운카본(brown carbon), 숯 검댕은 블랙카본(black carbon), 육상 식생은 그린카본(green carbon), 그리고 해양 탄소는 블루카본(blue carbon)으로 구분한다.

용어 정리 3

※ MRV 방법론 측정·보고·검증 (Measurable, Reportable, Verifiable: MRV)

개도국 온실가스 감축 행동의 측정·보고·검증(Measurement, Reporting and Verification: MRV)은 2007년 발리 당사국총회에서 등장한 개념이다.

※ 국제해양탐사위원회 또는 국제해양개발위원회(International Council for the Exploration of the Sea: ICES)

해양수산 과학 분야에서 가장 오래된 국제기구이며 1902년 유럽 북해(North Sea)의 수산업 유지와 발전을 목적으로 유럽 8개국이 참여하여 창설하였다. 현재 20개 회원국(Belgium, Canada, Denmark, Estonia, Finland, France, Germany, Iceland, Ireland, Latvia, Lithuania, The Netherlands, Norway, Poland, Portugal, Russian Federation, Spain, Sweden, United Kingdom, United States of America)으로 구성되어 있다. 덴마크 코펜하겐에 사무국이 있고 국제 연구 및 조사 활동을 지원하기 위하여 해양학 데이터뱅크, 수산학 데이터뱅크, 환경 데이터뱅크를 구축하였으며, 과학위원회와 2개의 자문위원회가 있다. 북대서양이나 그 인접 수역의 해양생물자원에 관한 연구조사의 촉진 및 장려, 연구 및 조사 결과 보고서 발간 보급, 어족자원에 대한 평가 및 상태를 심사하는 업무를 수행하고 있다.

※ 기후변화협약(United Nations Framework Convention on Climate Change: UNFCCC)

지구온난화로 인한 재앙을 방지하기 위하여 온실가스의 배출을 감축하는 것을 목적으로 하는 국제협약이다. 기후변화협약은 1992년 6월 브라질 리우데자네이루에서 개최된 유엔 환경개발 회의에서 160여 개 국가의 서명으로 채택되었으며, 51개국이 가입하여 협약의 발효 조건이 충족됨에 따라 1994년 3월 21일 공식 발효되었다. 우리나라는 지난 1993년 12월, 47번째로 기후변화협약에 가입하였다. 전문과 26개 조항으로 구성된 이 협약은 주요 내용으로 가입국의 의무사항, 재정지원, 기술이전, 조직 등이 있다. 기후변화협약의 전문은 기후변화와 이에 따른 피해가 인류의 공동 관심사임을 명시하고 있다. 인간의 사회경제적 활동이 증가함에 따라 대기 중 온실가스의 농도가 급격히 증가하고 있으며, 이로 인하여 온실효과가 가속화되고 있음을 우려하고 있다.

☞ https://unfccc.int

※ 당사국총회 사이드 이벤트(Conference of Parties: COP)(Side Event)

기후변화협약 당사국 총회(Conference of Parties: COP)의 공식 사이드 이벤트는 사이드 이벤트와 전시로 구분된다. 사이드 이벤트는 제시한 주제에 대한 전문가의 발표와 토론으로 진행된다. 전시는 1주 혹은 2주간 사이드 이벤트 홀에서 부스를 배정받아 운영한다. 책상, 의자 그리고 전시 모니터가 기본으로 제공된다. 사이드 이벤트는 당사국 및 기타 참가자들이 함께 참여하여, 정식 협상에서 의견을 발표할 기회가 제한된 공인된 옵서버 단체에게 지식 공유, 역량 강화, 네트워킹 및 기후변화 대응을 위한 실행 가능한 옵션을 모색하고 주요 이슈를 제기하는 기회를 주는 플랫폼이다. 유엔기구, 옵서버 조직 및 옵서버와 파트너 관계를 맺고 있는 당사국은 핵심 문제에 대한 집중 토론을 하거나 종종 Q&A 세션에서 관심을 끄는 경우가 많다. 일부 참가국 또는 참가 단체에서 독립적으로 공간(파블리온)을 확보하여 독자적으로 사이드 이벤트를 하고 있다.

☞ https://seors.unfccc.int/seors/seors/pdf/UNFCCC_SEORS_user_manual.pdf

※ 북태평양해양과학기구 (PICES) (North Pacific Marine Science Organization)

북태평양 지역에서 해양연구를 촉진하고 조정하기 위해 국제해양개발위원회(북대서양해양과학기구, International Council for the Exploration of the Sea: ICES)를 모델로 1992년 설립된 국제해양기구이다. 회원국은 한국, 미국, 캐나다, 일본, 중국 및 러시아 등 총 6개국으로 물리 및 기후변동, 생물학, 수산과학, 해양환경자료교환 위원회를 중심으로 해양과학 활동을 수행하고 있다. ICES에 대응하는 의미로 PICES(Pacific ICES)로 불린다.

※ 산림전용과 황폐화 방지 또는 개도국의 산림전용과 황폐화 방지 및 지속 가능한 산림경영 (Reducing Emissions from Deforestation and Forest Degradation plus conservation: REDD+)

제13차 당사국총회(COP-13)는 개도국의 산림전용과 산림 황폐화로 인한 배출 감소(REDD+)를 위해 더 큰 의미가 있으며, 시급하게 행동해야 할 필요성을 확인하였고, REDD+를 위한 바르샤바 체제를 채택하였다. 2005년부터 시작된 개도국의 산림전용 및 산림 황폐화 방지를 통한 온실가스 감축(REDD+) 협상이 일단락됨으로써 Post-2020 기후체제에서 개도국의 산림관리를 통한 온실가스 감축 활동이 활발하게 추진될 것으로 기대된다. ☞ 탄소흡수원 유지 및 증진에 관한 법률 [시행 2020. 2. 11.] [법률 제16992호, 2020. 2. 11., 일부개정] 제2조(정의) 참고

※ 유네스코정부간해양위원회(IOC)(Intergovernmental Oceanographic Commission: IOC-UNESCO)

각국의 해양과 자원에 관해 과학적 연구와 조사를 하기 위해 설립된 유네스코 산하의 연구기관으로 세계 해양과학 분야의 최고 의사결정기구이다. 1960년 유네스코 제11차

총회의 결의에 따라 국제적 해양 조사와 연구, 해양오염 감시, 해양자료 교환을 목적으로 설립됐다. 2011년 현재 139개 회원국을 보유하고 있다. 국제연합 산하 유일의 해양과학 전담 정부 간 기구로서 최근 쟁점이 되는 해양재해와 기후변화 같은 주요 현안을 다루고 있어, 국제사회에서 해양과 관련된 가장 큰 영향력을 갖고 있다. 총회, 집행위원회, 사무국, 산하 부설기구로 구성됐으며 사무국은 유네스코 본부가 있는 파리에 있다.
☞ http://ioc-unesco.org

※ 조류를 이용한 온실가스 저감 아시아 네트워크(Asian Network for Using Algae as CO_2 Sink)

아시아태평양조류학회 작업반의 하나로 조류를 활용한 온실가스 흡수원에 대한 정보를 공유하는 자발적인 아시아 조류학자들의 모임이다. 파리협정 이후 2016년 말레이시아 쿠알라룸푸르에서 열린 워크숍에서 신기후체제에 대응하여 '조류를 이용한 감축과 적응 아시아 네트워크(Asian Network of Algae as Mitigation and Adaptation Measures: ANAMAM)'로 명칭 변경이 제안되어 2017년 완도 국제해조류박람회에서 확정되었다.

※ 토지이용, 토지이용 변화 및 임업(Land Use, Land Use Change Forest: LULUCF)

토지 이용과 관련된 인간 활동은 육상 생태계와 대기간의 온실가스 교환에 영향을 미치고 이에 따라 기후변화를 일으킨다. 즉 인간의 토지 이용에 따라 변화하는 온실가스 증감을 나타내는 개념이다. 온실가스를 배출하는 것도 문제이지만, 온실가스를 흡수하는 숲을 개간하는 것도 문제라는 인식이 LULUCF의 시작이다. 1997년 UNFCCC 제3차 당사국총회에서 채택된 교토의정서에서 이 개념이 받아들여졌다. LULUCF에 대한 논의는 계속되어 2007년 발리에서 결의된 발리 로드맵에서 REDD (Reduction Emissions from Deforestation and Forest Degradation)도 결의하였다.

4 부록: 해조류 소개

4.1 해조류란 무엇인가?

바닷말 또는 해조(海藻)는 바다에서 사는 조류를 말한다. 전통적으로 산모를 위한 산후조리에 으뜸으로 치는 미역국과 최근 웰빙 식품으로 재조명되는 해초샐러드, 스낵 간식으로 수출량이 증가하고 있는 김을 비롯하여 식용 해조류는 물론, 한천, 카라기난, 알긴산 등 해조 콜로이드의 원료인 중요한 천연자원이다(오윤식 등, 1990).

조류를 연구하는 학문을 조류학(藻類學, Phycology)이라고 한다. 조류학은 단세포 광합성 생물인 미세조류(microalgae)도 포함한다. 미세조류는 현미경으로만 관찰이 가능한 크기로, 대부분의 식물플랑크톤이 포함된다. 때로는 이들은 대규모로 증식하여 강 호수 바다의 색이 변하는 적조(유해조류대발생: Harmful Algal Blooms, HABs)를 일으키기도 한다. 적조 현상은 발생 원인과 진행 과정 그리고 소멸과정 등이 매우 복잡할 뿐만 아니라, 수 환경에 미치는 영향과 양식을 포함한 연안역 수산업 등 경제적인 측면도 고려할 사항이 많다. 또한, 선박 평형수를 통한 전 지구적인 파급도 심각한 문제라서 여기서 간단하게 다루기에는 적합하지 않아, 대형 해조류(macroalgae)만 다루고자 한다.

대형 해조류는 솜털과 같은 작은 크기에서 수십 미터를 자라는 거대 갈조류까지 다양하다. 이들은 주된 광합성 색소인 엽록소뿐만 아니라 물속에 투과된 다양한 빛을 이용하여 광합성을 할 수 있는 보조색소를 갖고 있다. 이러한 보조색소 빛깔의 특성에 따라 해조류는 크게 녹조류(green algae), 홍조류(red algae), 갈조류(brown algae)로 구분된다. 즉 해조류는 색깔에 따라 다시마, 미역, 톳, 감태 등은 갈조류이고, 김, 우뭇가사리 등은 홍조류, 그리고 파래, 청각 등은 녹조류로 나뉜다. 체색도 분명하게 구분이 되지만, 체형과 생리적인 적응도 다양하다. Littler 박사는 대형해조류의 일차생산량과 초식에 대한 용이성을 근거하여 여섯 개의 형태형으로 해조류를 구분하였다(Littler, 1980; Littler and Littler, 1980)(표 4-1). 이들은 색깔이 다를 뿐만 아니라, 내부 구조와 생화학적인 특성도 달라 분류군의 최상위 수준인 문(Phylum 또는 Division)으로 구분되어 녹조식물문(Chlorophyta), 홍조식물문(Rhodophyta), 갈조식물문(Phaeophyta)으로 구분된다.

이들 분류군은 각각 다른 계열로 진화한 것으로 본다. 녹색 계열인 녹조류는 육상식물로 진화한 계열, 그리고 유색 조류로 진화한 홍조류와 갈조류는 계통 분류학적으로 매우 다르다. 최근 유전 정보를 활용한 새로운 분류체제와 계통 발생학적인 연구가 활발하게 이뤄지고 있다.

체색을 조류의 분류 기준으로 본 것은 1836년부터이며, 현재까지도 색소 조성을 주요 형질로 간주하고 있다. 녹조류는 육상의 고등 식물과 유사한 색소를 갖고 있어서 엽록소 a와 b 그리고 베타-카로틴을 갖고 있다. 갈조류는 모두 엽록소 a와 c를 가지며, 갈색을 띠는 푸코크산틴(fucoxanthin) 등의 갈조소를 갖는다. 홍조류는 보조색소 단백질인 피코빌린(phycobilin)을 가지며, 붉은색을 띠는 피코에리트린(phycoerythrin: 홍조소)과 푸른색을 띠는 피코시아닌(phycocyanin: 청조소)이 속한다(표 4-2). 조류를 대상으로 세포 생리, 생화학, 계통발생학, 생태학인 분야를 포함하여 다양한 분야의 연구가 수행되고 있다.

표 4-1. 해조류의 기능-형태군 모델 특성 (Littler, 1980; Littler and Littler, 1980)

기능-형태군	외형	해부	조직	질감	대표적인 분류군
박막군	얇은 관상 또는 입모양	피층 형성 안 됨	연질	낮음	갈파래, 파래, 김
사상군	섬세한 분지 (실모양)	단열, 다열 엷은 피층	연질	낮음	염주말, 대마디말, 비단풀
거친 분지군	거친 분지 직립	위유조직, 유조직	다육질 - 철사질	낮음	돌가사리, 진두발
혁질군	두꺼운 잎과 가지	분화된 유조직 또는 위유조직, 두꺼운 세포벽	혁질 - 고무질	높음	푸쿠스, 다시마, 모자반
유절 산호말군	관절, 석회질, 직립	석회질 마디, 우연한 관절	석질	매우 높음	바다선인장, 산호말
딱지군	포복, 껍데기	석회질, 또는 무석회질 촘촘한 세포열	석질	매우 높음	연골분홍딱지, 바위딱지, 각상 산호말류

출처: 조류생물학 이인규 등 공역 월드사이언스(2003)

표 4-2. 주요 광합성 색소와 저장 탄수화물

문	주요 광합성 색소	저장 탄수화물
남조식물문	엽록소a; 피코시아노빌린; 피코에리트로빌린	녹말
홍조식물문	엽록소a; 피코에리트로빌린	녹말
녹조식물문	엽록소a	녹말
갈조식물문	엽록소a, c1,c2; 갈조소	크리소라미나린 또는 라미나린

출처: 조류생물학 이인규 등 공역 월드사이언스(2003)

4.2 해조류 다양성

4.2.1 녹조류

1) 파래

파래는 녹조식물문 > 갈파래강 > 갈파래목 > 갈파래과 > 갈파래속(*Ulva*), 홑파래속(*Monostroma*), 파래속(*Enteromorpha*)에 속하며, 나물로 무쳐 먹거나 말려서 파래김으로 식용하는 해조류이다. 구멍갈파래, 모란갈파래, 초록갈파래, 갈파래, 가시파래, 납작파래, 창자파래, 격자파래, 잎파래 등이 있다. 다양한 모습을 보여주는 이들은 형태상으로 종을 동정하기 어려우며, 지금도 계통분류학 연구가 활발하게 진행되고 있는 복잡한 분류군이다. 1999년 국립수산진흥원(현 국립수산과학원)에서 인공종묘생산시험에 성공하여 인공 채묘나 자연 채묘를 통해 재배되고 있다.

파래는 부영양화된 곳이나 오염된 해안에서 특히 무성하게 자라며, 요즈음 내만이나 연안에서 대규모로 번성하여 해안을 덮어 양식장의 피해는 물론 이들의 처리에 어려움을 겪고 있다. 2008년 베이징 올림픽 요트 경기를 앞두고 거대한 녹조가 칭다오 일대를 덮쳐 엄청난 재정 손실을 낸 이후 자생적인 증식은 물론 바람이나 해류를 타고 외해에서 유입되어 녹조가 빈번하게 발생하고 있다. 우리나라 제주도와 서해안에도 빈번하게 발생하여 양식장에 피해를 주고 있다.

2) 청각

청각(*Codium fragile*)은 녹조식물문 > 갈파래강 > 깃털말목 > 청각과에 속하는 녹조류이다. 몸 색깔은 짙은 녹색이며, 사슴뿔 형태의 가지로 뻗어 자란다. 주로 김장할 때 고명으로 넣거나 무쳐 먹는다.

3) 매생이

매생이(*Capsosiphon fulvescens*)는 녹조식물문 > 갈파래강 > 초록실말목 > 초록실말과 > 매생이속에 속하는 해조류이다. 매생이란 '생생한 이끼를 바로 뜯는다' 라는 뜻의 순수한 우리말이다. 매생이는 '매산태'라는 이름으로 "누에실보다 가늘고, 쇠털보다 촘촘하며 길이가 수척에 이르고, 빛깔은 검푸르며, 국을 끓이면 연하고 부드럽고 서로 엉키면 풀어지지 않는다"라고 자산어보에 수록되어 있으며 장흥지방의 진공품으로 동국여지승람에 기록되어 있다. 1992년부터 양식을 시작하여 1999년 해남기술관리소에서 육상 인공채묘 기술을 세계에서 최초로 개발하였다. 일반적으로 9월에서 10월 초 자연 채묘로 양성하여 겨울에 수확한다. 굴과 함께 끓인 국은 아스파라긴산이 콩나물의 3배로 숙취 해소 해장국으로 으뜸이다. 겉으로 보기에 전혀 뜨겁게 보이지 않아 얼떨결에 입안을 데이기 쉬워 "미운 사위에게 매생이국 준다"라는 흥미로운 속담도 있다.

4.2.2 홍조류

1) 김

김은 홍조식물문 > 홍조강 > 원시홍조아강 > 김목 > 김과에 속하는 해조류이며, 조간대 갯바위에 이끼처럼 붙어서 자란다. 전 세계에 60여 종이 있으며 우리나라에는 10종이 분포하고 있다. 이중 방사무늬김, 참김, 돌김 등이 재배되고 있다.

김은 오래전부터 재배되어 온 해조류이며 매우 인기 있고 경제적 가치가 큰 식품이다. 1650년경 전라남도 광양의 김여익이 처음으로 소나무 가지를 이용한 양식법을 창안하여 보급하였다고 전해지고 있으며, '광양땅에 사는 김 아무개가 만든 음식'이란 뜻을 가진 '김'으로 불리게 되었다고 한다. 김 양식 생산은 영국의 드류(Kathleen Mary Drew-Baker) 박사가 김의 생활사를 완벽하게 발견하면서 획기적으로 생산량이 증가하게 되었다. 우리가 보는 김은 배우체로 겨울에 번성하고, 봄에는 번식하기 위해 생식기관을 만든다. 김의 수배우체에서 만들어진 정자는 운동성이 없지만, 물의 흐름에 따라 흘러 암 배우체의 난세포로 가서 수정이 일어난다. 수정 후 수정란은 과포자를 만들어 방출된다. 이들이 조개껍데기에 붙으면 발아하고 껍데기 속에 실모양으로 뻗어 자란다. 죽은 조개나 굴껍데기 안쪽에서 자라 자줏빛 또는 붉은 자줏빛 반점처럼 보인다. 이를 각포자 세대라고 하며 조개껍데기 속에 여름을 보내고 가을에 성숙하여 만들어진 각포자낭에서 각포자를 만들고 이들이 밖으로 방출되어 조간대 상부 갯바위에 붙어 김으로 자란다. 각포자를 인위적으로 방출시켜 김발이나 양식 시설에 부착시켜서 김 양식을 할 수 있다. 김의 각포자 세대를 발견하기 전까지 김의 생산은 자연적으로 부착하는 김에 의존하여 생산량이 매우 제한적이었지만, 각포자를 인위적으로 부착시키는 양식 방법이 개발되면서 획기적으로 생산량이 증가하였다. 일본에서는 1963년 구마모토 우토에 있는 스미요시 신사에 드류 박사의 업적을 기리는 공적비를 만들어 칭송하고 있다.

김은 청태, 감태, 해우(海羽), 해의(海衣), 해태(海苔)라고도 부르며, 한국과 일본 사람들에게 인기 있는 음식 재료이다. 본초강목에 청해태(김)는 위의 기를 강하게 한다고 기록되어 있다. 김에는 단백질 함량이 높고 비타민도 많이 들어있어 아주 좋은 영양식품이다.

2) 꼬시래기

홍조식물문 > 진정홍조강 > 꼬시래기목에 속하는 꼬시래기(*Gracilaria*)와 개꼬시래기(*Gracilariopsis*) 속은 직경 1~3 mm 줄기의 사상체 해조류이다. 조간대 돌, 조개껍데기 등에 붙어살며 얕은 바닷가의 자갈 등에도 번식한다. 국수처럼 길쭉하여 바다의 국수라고도 한다. 주로 염장으로 유통

되며 무침(샐러드) 요리로 식용되고 있다. 한천을 만드는데 우뭇가사리와 섞어 쓴다. 최근 소비도 늘어서 양식 생산량이 증가하고 있다.[18]

3) 우뭇가사리

우뭇가사리(*Gelidium amansii*)는 홍조식물문 > 진정홍조강 > 꼬시래기목 > 우뭇가사리과에 속하는 홍조류의 해조류이다. 우무는 우뭇가사리 등을 끓여서 식혀 만든 콜로이드 물질이며, 이를 동결 건조한 것으로 젤라틴과 비슷한 물성을 가진 투명체이다. 우무묵 또는 한천(寒天)이라고도 한다. 영어로는 아가(agar)라고 하는데, 젤리라는 뜻인 말레이어 agar-agar에서 온 말이다.

여름에 물에 녹여 식용 또는 공업 재료로 쓴다. 물에 잘 녹고 투명하며 말랑말랑하다. 또한 열량이 낮아 다이어트 식품으로도 많이 이용된다. 식용 이외에도 미생물을 배양하는 배지로 사용되며, 분자생물학에 필요한 전기영동에 쓰이는 아가로스 분말은 고가의 화학품이다. 최근 종이 원료로 활용되고 있다. 아직 양식법이 개발되지 않아서 천연 채취에 의존하고 있다.

4) 갈래곰보

갈래곰보(*Meristothecapapulosa*)는 홍조식물문 > 진정홍조강 > 분홍치홍조아강 > 돌가사리목 > 끈적살과 > 갈래곰보속에 속한다. 갈래곰보는 해조 샐러드 재료로 인기가 높은 홍조류이며, 아열대성 해조류로 제주도 연안에만 분포하는 특산종이다. 닭 벼슬과 비슷한 모습으로 체형의 변화가 심하다. 분홍색 혹은 짙은 붉은 색을 띤다. 포자를 채취하여 기르는 양식도 이뤄지고 있다.[19]

---

18 http://webbook.me.go.kr/DLi-File/099/009/5620538.pdf

19 http://www.kbr.go.kr/home/rsc/rsc01002v.do?data_gbn_cd=BIO&ktsn_no=120000001204&menuKey=448

4.2.3 갈조류

1) 미역

미역(*Undaria pinnatifida*)은 갈조식물문(부등편모조문) > 갈조강 > 다시마목 > 미역과 > 미역속에 속하는 대형의 단년생 해조류이다. 겉모습은 육상식물과 유사하지만, 분류상 원생생물에 속한다. 무기질, 비타민 및 섬유질 성분, 점질성 다당류, 요오드를 함유하고 있어 식용이 된다. 중국과 일본, 한국 등 동북 아시아 지역에서 주로 이용되는 식품으로, 한국 기록에는 고려 시대인 12세기에도 먹었다는 기록이 있고, 중국에는 8세기에 이미 한국 사람들이 먹고 있다는 기록이 있는 등 오래전부터 널리 식용되었다. 전통 식품으로 아기를 출산한 산모는 첫 끼니로 미역국을 먹는 풍습이 있고, 생일날에 미역국을 먹는 풍습도 있다. 믿거나 말거나 "고래가 새끼를 낳은 뒤 미역을 뜯어 먹어 산후의 상처를 낫게 하는 것을 보고 고려(=고구려) 사람들이 산모에게 미역을 먹인다."라고 했다는 기록이 있다고 전해지고 있다. 미역에 포함된 알긴산은 홍조류에서 추출하는 아가와 카라기난과 함께 해조 콜로이드이며, 공업용 풀이나 아이스크림, 면류, 과자, 잼 등에 많이 이용되고 있다.

다시마와 함께 전복 양식의 주요 먹이로 이용되며, 주로 한국, 일본, 중국에서 식용하고 있다. 식이섬유와 칼륨, 칼슘, 요오드 등이 풍부하여 신진대사를 활발하게 하고, 산후조리, 변비와 비만 예방, 철분과 칼슘 보충에 탁월하여 일찍부터 식용하였다. 혈압강하작용을 하는 라미닌(laminine)이라는 아미노산이 함유되어 콜레스테롤의 양을 감소시키는 효과가 있다.

미역은 해채(海菜)나 감곽(甘藿), 자채(紫菜) 등으로 불리며 한방에서는 해대(海帶)(본초강목) 또는 해채(海菜)(동의보감)로 불린다.

2) 다시마

다시마는 갈조식물문(부등편모조문) > 갈조강 > 다시마목 > 다시마과 > 다시마속에 속하는 대형의 다년생 해조류이다. 주요 종은 다시마(*Saccharina japonica = Laminaria japonica*)와 애기다시마(*Saccharina relegiosa*) 2종이다. 한반도, 일본, 캄차카반도, 사할린섬 등의 태평양 연안에 분포하는 한해성(寒海性)이며, 암갈색을 띤다. 겉모습은 줄기, 잎, 뿌리가 구분이 뚜렷하며, 길이는 1.5~3.5 m, 너비는 25~40 cm 정도의 띠 모양으로 자란다. 몸체는 두껍고 표면이 미끄러우며 가장자리는 물결무늬이다.

다시마도 알긴산 나트륨(알긴산염)을 포함하고 있어 해조 콜로이드의 중요한 원료이다. 다시마를 한자어로 해대(海帶), 곤포(昆布)라고 하며, 삼국시대부터 이미 널리 식용해 온 해조류이다. 500년경 양나라 도홍경이 편찬한 본초경주(本草經註)에는 "곤포: 맛이 짜며 차고 독이 없다. 주로 12가지 수종, 앵류, 결기, 창 등을 치료한다."라고 쓰여 있다. 식이섬유, 요오드, 칼슘, 셀레늄 등 다양한 기능성 성분을 지니고 있어 각종 성인병과 대장암 그리고 갑상선 등 질환을 예방하고, 수명을 연장하는 묘약으로 알려져 있다. 지난 1986년 소련(현재 우크라이나) 체르노빌 원자력발전소 방사능 유출 사고 때 영향권에 든 유럽 각국에서 요오드 성분이 든 다시마 등의 해조류가 품귀현상을 빚은 바 있다. 이는 방사선 누출이나 농작물을 통한 간접오염에 가장 민감한 인체의 부위가 갑상선으로, 이 부위의 오염과 예방에는 요오드 성분이 많이 들어있는 다시마가 탁월하기 때문이다.

한반도에서는 본래 원산 이북에서만 분포하였으나, 1967년 국립수산진흥원에서 일본 북해도 다시마 모조를 도입하여 양식에 성공하여 현재는 경상도와 강원도 연안에서도 자생하며, 완도 등 전남 해역에서 양식이 많이 이루어지고 있다. 이곳은 국내 최대의 전복 양식 단지로, 전복의 먹이가 바로 다시마인 영향이 크다.

3) 모자반

모자반(*Sargassum*)은 갈조식물문(부등편모조문) > 갈조강 > 뜸부기목 > 모자반과 > 모자반속에 속하는 해조류이며, 모자반은 특정 종 *Sargassum fulvellum* 또는 대형 갈조류를 통칭하는 말로도 쓰인다. 몸은 외견상 뿌리·줄기·잎의 구분이 뚜렷하고, 뿌리는 가반상이며 1개의 중심가지를 내어 1~3 m 이상으로 크게 자란다. 줄기는 비틀린 형태로 삼릉주 또는 삼각형이다. 상부의 잎은 피침형이고 가장자리에 톱니 모양의 돌기가 나며, 온몸에는 줄기부터 기낭이 있다. 짙은 황갈색을 띠며 전국 해안에서 자란다.

모자반속은 난해성 식물로서 다년생이며 한국의 연안에서 해중림(海中林)을 이루는 대표적인 종류이다. 모자반은 식용으로 유통되고 있으며, 알긴산 등 해조 공업의 원료로 이용되거나 비료로도 쓰인다.

모자반속에는 톳, 지충이, 괭생이모자반, 알쏭이모자반, 꽈배기모자반, 큰잎모자반, 짝잎모자반, 쌍발이모자반 등 약 20종이 분포하고 있다. 일본이나 동남아시아 일대에는 50여 종이 생육하고 있다. 모자반속이 무성한 곳은 각종 해양동물들이 먹이를 얻거나 산란하기에 적합하여, 환경보존과 어자원을 확보하는 등 다양한 생태계 서비스를 제공하는 매우 중요한 구실을 한다. 그러나 가지에 수많은 공기주머니(기낭)를 가진 괭생이모자반 조체들이 바람이나 해류를 타고 이동하여 연근해 양식장과 해안을 덮쳐 막대한 피해를 주는 재해도 빈번하게 발생하고 있다.

4) 톳

톳(*Sargassum fusiforme = Hizikia fusiformis*)은 갈조식물문(부등편모조문) > 갈조강 > 뜸부기목 > 모자반과 > 모자반속에 속한다. 한국, 일본, 중국 등에서 암초 위에 살고 있으며, 식용되고 있다. 특히 일본에서 많이 선호하고 있으며, 수 세기 전부터 먹어왔다. 일본 음식점과 웰빙의 영향으로,

영국과 북아메리카 등지에서도 수입해서 먹고 있다. 톳에는 칼슘, 칼슘, 요오드, 철, 마그네슘 등이 매우 풍부하다.

일부 국가에서는 다른 해조류보다 톳에 비소함량이 높다고 하여 식용으로 먹는 것을 자제하라고 권고하고 있지만, 톳을 과도하게 먹지 않는 이상 몸에 해가 없는 것으로 알려져 있다. 실제로 톳에 의한 비소중독 사례는 보고된 적이 없다. 사슴 꼬리와 유사하다고 하여 '녹미채(鹿尾菜)'라 부르며, 자산어보에는 '토의채(土衣菜)'로 기록되어 있다.

4.3 우리나라 바다숲에 사는 해조류 분포

우리 바다숲에는 어떤 해조류가 살고 있을까?(수산자원정책과, 수산자원관리공단 생태복원실 보도자료, 2018.12.5)

지난해 해양수산부는 지난 19년간 우리나라 천연 바다숲인 '천연해조장'의 해조류 출현 특성을 분석한 책자와 바다숲 인공조성 해역에 사는 대표적인 해조류를 소개하는 포스터를 제작하여 배포하였다. 천연해조장은 연안해역의 일정 수심 갯바위 해안에 자연적으로 형성된 해조 군락지인 바다숲으로 이를 지속해서 관리하고 보호하여 갯녹음 발생을 사전에 효과적으로 예방할 수 있다. 따라서 이들의 위치와 대표 해조류, 생태지수표 등의 정보를 담은 '천연해조장 수중생태 정보도'를 발간하였다.

한국수산자원관리공단의 조사 결과 64개소의 천연해조장을 확인하였다. 수중생태 정보도에는 그중 39개소에 관한 내용을 소개하였다.

생태적 가치가 큰 천연해조장으로 완도 정도리, 여수 거문도, 제주 우도 및 서귀포 성산 등 해역이 확인되었다. 이와 함께 바다숲 인공조성 해역에 서식하는 대표 해조류를 소개하는 포스터를 제작하여 해역별 서식 해조류와 출현 빈도 등을 소개하였다.

바다숲 인공조성해역에는 6개 시도에 구멍갈파래가 가장 넓은 분포를 보였으며, 미역과 감태는 5개 시도에 서식하였다. 해역별로는 미역, 감태 등의 대형 갈조류는 주로 동해에 나타났고, 잎꼬시래기, 진두발, 구멍갈파래는 수심이 얕고 혼탁한 서해에 주로 분포하였다. 제주 해역은 수심 20 m에도 해조류가 자생하였고, 감태, 자주바다표고 등이 서식하였다.

생태지수표: 천연해조장의 생태정보를 파악하는데 기준이 되는 생물 풍부도, 다양성, 생체량 등의 지수로 구성된 표로서 생태지수가 높을수록 생태적 가치가 큰 해조장으로 판단한다.

'천연해조장 수중생태 정보도' 책자와 '바다숲 인공조성해역 대표 해조류' 포스터는 해양수산부 누리집(www.mof.go.kr)과 한국수산자원관리공단 누리집(www.fira.or.kr)에서 내려받을 수 있다.

바다숲 조성사업 개요

- 목적: 바다숲 조성을 통해 갯녹음 발생 예방, 연안 생태계 복원 및 탄소 흡수원 확충
- 조성목표: 2030년까지 54,000 ha 조성
- 사업 기간과 사업비: 2009년부터 계속 (개소당 4년간)/ 연간 350억원
- 사업내용: 인공어초 자연석 설치, 자연 암반면 개선, 천연해조장 보호 보전, 바다식목일 기념행사 등

4.4 해조 양식

한국의 해조류 자원은 녹조류 98종, 갈조류 166종, 홍조류 489종 등 총 753종이 분포하고 있다(이인규, 강제원, 1986; 이용필, 강서영, 2002). 이들 중 양식되고 있는 분류군은 5개 속에 국한되어 있다. 구체적으로는 홍조류에 속하는 김속(*Pyropia* 또는 *Porphyra*), 유큐우마속(*Eucheuma*) 및 꼬시래기속(*Gracilaria*)과 갈조류에 속하는 다시마속(*Laminaria*) 및 미역속(*Undaria*)이다. 현재 우리나라에서 재배하는 해조류 중 생산량에서 가장 많이 생산되는 10종은 미역, 다시마, 김, 톳, 매생이, 파래, 청각, 개꼬시래기, 모자반, 꼬시래기이다(표 4-3).

표 4-3 주요 양식 해조류의 생산량 및 가격(어업생산통계, 2017)

품목	2017			
	생산량(M/T)	%	금액(백만원)	%
미역	589,786	36.0	82,120	11.3
다시마	538,860	32.9	87,664	10.8
김	444,365	29.4	507,490	69.5
톳	49,501	3.0	27,101	3.7
매생이	5,601	0.3	17,129	2.3
파래	5,460	0.3	5,305	0.7
청각	3,980	0.2	2,048	0.3
개꼬시래기	1,633	0.1	456	0.1
모자반	231	0.0	532	0.1
꼬시래기	5	0.0	4	0.0
합 계	**1,639,423**		**729,852**	

우리나라는 생산량 측면에서 세계 4위의 해조류 생산국이다(4.1%: FAO, 2015). 해조류는 연안에서 지주식, 부류식, 연승식으로 재배되고 있다. 김 양식에서 사용하는 지주식(말목식)이란 나뭇가지나 지주를 갯벌에 박아 세우고 그물 발을 설치해 김을 기르는 방식이다. 썰물 때 물이 빠지는 갯벌의 특성상 다른 방식으로 양식하는 김에 비해 일조량이 많은 장점이 있다. 지주식 양식 방법은 일반적인 부류식 양식 방법(부표에 김발을 걸어두고 물속에서 자라게 하는 방식)보다 더 많은 시간과 노력이 들지만, 생산되는 김의 맛과 향, 색깔 등이 뛰어나다고 알려졌다. 해양수산부는 '완도 지주식 김 양식어업'을 제5호 국가 중요 어업 유산으로 2017년에 지정하였다.

1970년대 후반부터는 말뚝 대신 스티로폼 부유 도구와 닻을 사용해 김발을 뜨게 하는 부류식(浮流式) 양식 방법이 보급되었다. 이로 인해 수심이 비교적 얕은 연안을 벗어나 깊은 바다에서도 김 양식이 가능하게 되었다. 자연히 김 양식 지역도 넓어졌는데, 완도 지역에서 집중적으로 양식되던 김은 전남 서해안과 신안의 여러 섬, 남해안의 고흥 지역 등 전 해역으로 전파되어 전남을 대표하는 해조류 양식이 되었다.

연승식(연승수하식) 양식은 뜸통이나 뜰개를 이용해 밧줄을 해수면에 수평으로 띄운 후 그 줄에 일정 간격으로 수직 방향의 부착줄을 달아 양식하는 방법이다. 주로 굴 양식에 이용하는 방법이며, 대형 갈조류인 다시마, 미역, 톳 등도 연승식으로 기르고 있다(표 4-4).

표 4-4 양식 방법과 양식 기술

양식 방법	종명	양식 기술
지주식	김, 파래, 매생이	- 인공채묘: 김 - 자연채묘: 파래, 매생이
부류식	김, 파래	- 인공채묘: 김 - 자연채묘: 파래
연승식	미역, 다시마, 쇠미역, 곰피, 감태, 톳, 모자반, 청각, 꼬시래기	- 인공채묘: 미역, 다시마, 쇠미역, 감태, 곰피, 모자반, 청각 - 재생력 이용 : 톳, 꼬시래기

4.5 우리나라에 없는 유용 해조류

삼면이 바다이고, 각 해역 마다 서식 환경이 다양하여 우리나라에는 많은 해조류가 분포하고 있다. 온대-아한대 해역에 속하는 우리나라에는 분포하지 않지만, 아열대 해역에 생육하는 해조류도 해조 산업에서 중요한 종류가 많다.

4.5.1 유큐마와 카파피쿠스(*Eucheuma/Kappaphycus*)

동남아시아에서 주로 양식하는 홍조류이다. 이제는 중국, 인도, 아프리카 그리고 칠레에서 대규모로 재배되고 있다. 아직도 합성 대체물질이 개발되지 않은 아가와 카라기난의 원료로 상업적인 가치가 매우 높다. 양식은 간단하게 모조 단편을 로프에 끼우거나 네트에 펼쳐 놓고 기른다. 성장이 매우 빨라 년 4회에서 6회까지 수확이 가능하지만, 우기 몬순기간에는 잘 자라지 않는다. 필리핀과 인도네시아의 일부 오래된 양식장에서는 ice-ice병으로 해조 생산에 차질을 빚고 있다.

4.5.2 마크로키스티스(*Macrocystis*)

북태평양 동안에 수십 미터까지 자라는 초대형 갈조류이다. 흔히 켈프라고 칭한다. 미 서부 캘리포니아 연안에서 번성하고, 해저 암반에 손가락 모양의 부착부로 부착하여 기낭을 가진 잎과 줄기부를 가진 엽상체로 표층까지 성장하여 표면에 거대한 수관을 형성하는 켈프 숲을 이루어 독특한 켈프 생태계를 구성하는 해조이다. 켈프 숲은 다양한 해양생물에게 쉼터를 제공하고, 전체적으로 생산성이 높다. 켈프 수확 전용 선박으로 표층 엽상체를 잔디 깍듯이 자연산 해조 원료를 수확하여 사료, 비료 등으로 생산하고 있다. 최근 지구온난화와 트롤어업 등으로 자연산 분포가 줄어들고 있다.

학습 요약 정리 4

1. 조류학(藻類學, Phycology)은 조류를 연구하는 학문이다.

2. 녹조류는 육상의 고등 식물과 유사한 색소를 갖고 있어서 엽록소 a와 b 그리고 베타-카로틴을 갖고 있다.

3. 홍조류는 보조색소 단백질인 피코빌린(phycobilin)을 가지며, 붉은색을 띠는 피코에리트린(phycoerythrin: 홍조소)과 푸른색을 띠는 피코시아닌(phycocyanin: 청조소)이 속한다.

4. 갈조류는 모두 엽록소 a와 c를 가지며, 갈색을 띠는 푸코크산틴(fucoxanthin) 등의 갈조소를 갖는다.

5. 파래, 청각, 매생이는 녹조류이다.

6. 김, 꼬시래기, 우뭇가사리, 갈래곰보는 홍조류이다.

7. 미역, 다시마, 모자반, 톳은 갈조류이다.

8. 해조류 양식 방법은 지주식, 부류식, 연승식으로 구분한다.

5 종합 요약 정리

5.1 미래의 하루 일상과 해조

흔히 글의 마지막에는 종합적으로 요약해서 정리하면서 마무리하지만, 나는 과거를 요약하면서 끝내기보다는 오히려 다가오는 해조 시대의 미래를 그리면서 끝을 맺고자 한다. 가칭 나의 하루 일상과 해조(My Day-life and Seaweeds)라고나 할까? 바라건대 그다지 머지 않은 미래에 해조류와 관련된 나의 하루 생활을 상상해 본다.

해조 섬유가 포함된 침구에서 꿀잠을 자고 일어나 양치를 한다. 치약에는 해조성분(알긴산 등)이 들어있다. 칫솔도 해조에서 추출한 플라스틱으로 제작되었다. 해조 성분이 포함되어 촉촉하고 부드러운 비누로 세안하고, 해조 섬유가 포함되어 촉감이 매우 부드러운 수건으로 물기를 닦고, 간단히 해조성분이 포함된 화장품으로 메이크업 한다. 오늘 아침 식사는 김이 포함된 식빵과 해조 샐러드이다. 건강을 챙기는 목적으로 해조에서 추출한 다양한 웰빙 식품도 먹는다. 식사하면서 홀로그램 영상으로 오늘의 날씨를 확인하고, 경제면에서 해조 관련 산업의 주가와 탄소 시장에서 탄소 흡수원으로 인증 받은 해조 탄소 가격의 최근 동향을 고려하여 기후변화 관련 해조 산업에 대한 투자를 검토한다.

재택 근무는 코로나19 팬데믹 이후 일반적인 현상이다. 대면 작업이 필요할 경우 주로 대중교통을 이용하지만, 간혹 해조 바이오 연료를 넣은 자동차로 출근할 때도 있다. 대면 업무는 옛날 석유 기반 문명이 주도할 때와 차이가 크지 않지만, 종이로 진행하던 일에서는 매우 특수한 경우를 제외하고 대부분 전자 서류로 대체되었다. 특수한 경우의 영구 보관용 종이는 카본 종이보다 질기고 얇고 가벼워서 보관이 쉬운 해조 종이로 대체되었다. 이 또한 육상의 탄소 흡수원인 산림을 보존하는 REDD+이며 감축이다. 사무기기와 문방구에도 플라스틱 제품은 거의 바이오 플라스틱으로 대체되었고, 특히 해조류로 만든 플라스틱은 구조 면에서 기능이 우수하고, 폐기비용이 포함된 다른 공산품과 달리 생분해가 잘 된다는 특성을 감안하여 상대적으로 저렴하다. 방사성 동위원소의 구입 가격에 폐기 비용까지 포함시킨 정책을 모든 공산품에도 확대 적용하는 획기적 쓰레기 줄이기 방안이 도입되었다. 좋은 품질의 해조 플라스틱은 다른 해양생물 골격과 함께 의료용 구조물로 개발되어 활용되고 있다.

1차 산업 혁명 이후 화석연료로 꽃피운 화석연료 기반 문명은 지구온난화와 기후변화를 초래하여 지구 생태계의 파괴와 재난으로 위험에 처했다. 다행히, 2015년 파리협정 이후 지속적인 감축과 적응 노력으로 상당한 수준으로 회복되어 정점에서 감소 경향이 예상되고 있다. 특히 육상에서 할 수 있는 감축과 적응은 한계가 있지만, 바다에서 시도한 다양한 감축과 적응 방안은 획기적으로 지구온난화를 완화시킬 수 있었고, 이러한 감축은 그 실행 자체가 적응으로 연결되어 기후 재난 대비에 많은 도움을 주고 있다. 2장에서 살펴본 해조 흡수원, 바이오 에너지, 사료, 비료, 숯, 종이 등은 대기 중 이산화탄소를 흡수하여 저장하거나 발생을 줄이면서 훌륭한 온실가스 감축 방안이 되었다. 심해 저장인 '해조 탄소 포집, 활용과 심해 저장(Seaweed CCUS)'도 전 세계에서 유일한 축소판 대양으로 알려져 있으며,

또한 최근 다양한 기후변화 관련 대양연구의 최적지로 인정받고 있는 동해 독도-울릉 해역에서 국제 컨소시엄 프로젝트로 진행되고 있다. 현장의 해저와 인근 해역의 환경 영향에 대한 다양한 모니터링이 진행 중이다. 이미 이 해역에서 수행되고 있는 독도 시계열 조사 - DOTS (Dokdo Ocean Time Series, 주관기관 부산대학교 해양연구소) 누리집에 관련 자료가 실시간으로 축적되고 있다.[20] 해양산성화, 연안 보호, 빈산소수역 감소 등의 적응도 해양영구양식, IMTA 등 프로젝트에서 진행되고 있으며, 우수한 결과를 얻고 있다.

하루 일과를 마치고 저녁은 전통 한식으로 한상 차려 먹는다. 국이 없으면 밥을 먹지 못하는 나로서는 생일에 먹는 미역국, 미운 사위에게 준다는 매생이굴국, 김감자국, 제주도 모자반 몸국, 미역 된장국, 김두부된장국 등과, 여름에는 미역냉채국이 선택 대상이다. 당연히 기름을 잘 발라 구운 김은 빠질 수 없다. 다른 해조 반찬으로 파래무침, 톳두부무침, 꼬시래기무침, 톳무우무침 등은 대부분 젓갈로 무쳐서 맛깔스럽고, 모두 밥도둑이다. 새로운 해조 요리 레시피는 완도군 홈페이지에 있는 '해조류건강밥상100선'에서 스페셜 해조 메뉴도 찾을 수 있다.[21] 해조 성분이 포함된 다양한 욕실 물건과 화장품을 사용하여 씻은 다음 거실에 앉아 해조 스낵을 안주로 해조술을 한잔한다. 섬세한 음의 재생으로 전문가의 공인을 받은 해조 섬유 스피커를 탑재한 유명 오디오에서 나오는 음악으로 분위기를 잡는다. 적당히 즐기면서 쉰다. 이제 하루를 마무리하고 잠자리로 간다.

---

20 가상 누리집 주소 http://www.dots.pnu.edu/seaweedccs
21 완도군 홈페이지 www.wando.go.kr

5.2 해조 없이 하루 살기

얼마 전 미국에서 '중국산 물건 없이 살아 보기'라는 프로그램을 한 적이 있다. 현재로는 거의 불가능한 과제이다. 아마도 우리나라도 거의 같은 수준으로 아주 많은 중국 물건이 우리의 일상 생활에 연관되어 있다. 이런 개념에서 해조류는 우리의 일상에 어느 정도 차지하고 있을까? 생각보다는 많은 일상의 물건들이 해조와 연관되어 있다. 숙제로 한번 알아 보자.

6

용어 정리

24 Hours of Reality : Climate Reality Project와 Al Gore 미국 전 부통령이 주관하는 24 Hours of Reality는 기후 위기에 관한 눈길을 끄는 이야기와 설득력 있는 대화를 생방송으로 진행하는 인터넷 방송이다. ☞ https://youtu.be/jfciq81K6jM

Bellona 재단(The Bellona Foundation) : 노르웨이의 오슬로에 있는 종합적 전문 국제 환경 비정부기구(NGO)이다. 기술과 솔루션에 기반한 세계적 환경 단체로 환경 문제 해결을 위한 지속 가능한 솔루션을 제시하고자 정부, 전문가, NGO들과 다방면으로 협력하고 있다. ☞ https://bellona.org

MRV 방법론 측정·보고·검증(Measurable, Reportable, Verifiable: MRV) : 개도국 온실가스 감축 행동의 측정·보고·검증은 2007년 발리 당사국총회에서 등장한 개념이다.

TROPOS (The Ocean of Tomorrow) Project : TROPOS는 EU의 연구와 개발을 위해 유럽위원회(European Commission)가 지원한 유럽 공동 프로젝트이다. 구체적으로 '미래 해양(Ocean of Tomorrow)'이라는 불리는 다목적 모듈식 부유플랫폼 외해 기지 건설이다.

감축(mitigation of climate change) : 온실가스 배출원을 줄이거나 흡수원을 강화하기 위한 인간의 개입이다.

갯녹음 : 해양오염, 조식동물 증가, 기후변화 등 복합요인으로 갯바위에서 엽상 해조류가 사라지고 각상 석회조류만 남아 있는 현상이다. 이를 회복하기 위해 '바다숲 조성사업'을 추진하고 있다. http://www.fira.or.kr

고 영양염 저 엽록소(High Nutrient Low Chlorophyll; HNLC) : 일부 해역에서 영양염의 농도는 높지만, 엽록소의 농도는 낮게 나타나는 현상이다. 철분 부족 또는 초식 등의 가설이 있으며, 최근 철분 시비 실험으로 엽록소가 증가하는 결과를 얻어 철분 부족 가설을 증명하였다.

교토메커니즘(Kyoto Mechanism) (Mechanisms under the Kyoto Protocol) : 교토의정서에는 온실가스를 효과적이고 경제적으로 줄이기 위해 공동이행제도(Joint Implementation: JI), 청정개발체제(Clean Development Mechanism: CDM), 배출권거래제도(Emissions Trading: ET)와 같은 유연성 체제를 도입하였는데, 이들을 '교토메커니즘'이라고 한다. 공동이행제도는 선진국 사이의 온실가스 감축 사업을 공동으로 수행하는 것을 말한다. 청정개발체제는 선진국이 개도국에서 온실가스 감축 사업을 수행해 달성한 실적 일부를 선진국의 감축량으로 허용하자는 것이다. 배출권거래제도는 온실가스 감축 의무가 있는 국가가 의무 감축량을 초과해 달성했을 경우, 이 초과분을 다른 감축 의무 국가와 거래할 수 있다는 것이다.

교토의정서(Kyoto Protocol) : 기후변화협약에 따른 온실가스 감축 목표에 관한 의정서로 교토프로토콜이라고도 한다. 지구온난화 규제 및 방지를 위한 국제협약인 기후변화협약의 구체적 이행 방안으로, 선진국의 온실가스 감축 목표치를 규정하였다. 1997년 12월 일본 교토에서 개최된 기후변화협약 제3차 당사국총회에서 채택되었다. 선진국 38개국의 제1차 공약 기간(2008-2012년)의 평균 온실가스 배출량이 1990년 대비하여 평균 5.2% 감축하는 것이었다. 2012년 카타르 도하에서 열린 제18차 당사국총회에서 2013년부터 2020년까지 8년간을 제2차 감축 공약 기간으로 설정하고, 온실가스를 1990년에 비해 25-40% 감축하기로 합의하였다. 그러나 미국, 호주, 캐나다, 일본의 탈퇴로 인하여 교토의정서에 기반한 교토체제는 실패하였다고 할 수 있다.

국가결정기여(Nationally Determined Contribution: NDC) : 기후변화에 대응하기 위하여 분야별로 당사국이 수행할 노력을 스스로 결정하여 제출한 목표를 말한다. NDC는 감축, 적응, 재원, 기술, 역량배양, 투명성의 6개 분야를 포괄한다. 파리협정 이전에 제출한 것은 Intended NDC라고 하였고, 채택 후에 제출한 것은 NDC라고 한다. 각국의 기여방안에 대해 법적 구속력 부여 여부와 측정·보고·검증(MRV) 등 투명한 이행 여부 확인절차 마련 등이 쟁점이다.

국제해양탐사위원회 또는 국제해양개발위원회(International Council for the Exploration of the Sea; ICES) : 해양수산 과학 분야에서 가장 오래된 국제기구이며 1902년 유럽 북해(North Sea)의 수산업 유지와 발전을 목적으로 유럽 8개국이 참여하여 창설하였다. 현재 20개 회원국(Belgium, Canada, Denmark, Estonia, Finland, France, Germany, Iceland, Ireland, Latvia, Lithuania, The

Netherlands, Norway, Poland, Portugal, Russian Federation, Spain, Sweden, United Kingdom, United States of America)으로 구성되어 있다. 덴마크 코펜하겐에 사무국이 있고 국제 연구 및 조사 활동을 지원하기 위하여 해양학 데이터뱅크, 수산학 데이터뱅크, 환경 데이터뱅크를 구축하였으며, 과학위원회와 2개의 자문위원회가 있다. 북대서양이나 그 인접 수역의 해양생물자원에 관한 연구조사의 촉진 및 장려, 연구 및 조사 결과 보고서 발간 보급, 어족 자원에 대한 평가 및 상태를 심사하는 업무를 수행하고 있다.

기후변화 청년단체(Green Environment Youth Korea GEYK) : 기후변화 완화와 적응에 힘쓰고, 기후변화와 관련하여 지역사회를 돕고 국제사회에서 대한민국 청년을 대표한다. ☞ https://blog.naver.com/geykkorea

기후변화에 관한 정부 간 패널(Intergovernmental Panel on Climate Change: IPCC) : IPCC는 기후변화 문제를 국제사회가 공동으로 대처하기 위하여 1988년 11월에 유엔 산하 기구인 세계기상기구(World Meteorological Organization: WMO)와 유엔환경계획(United Nations Environment Programme: UNEP)이 공동으로 설립한 정부 간 협의체이다. IPCC 조직은 크게 IPCC 의장단(IPCC Bureau)과 IPCC 사무국(IPCC Secretariat)으로 구성되어 있다. 3개의 실무그룹(Working Group) 중 제1 실무그룹(Working Group 1)은 기후변화과학 분야로 기후변화에 대한 과학적 이해, 기후모델링 등 연구 분야를 담당하고, 제2 실무그룹(Working Group 2)은 기후변화 영향평가, 적응 및 취약성 분야를 담당하며, 제3 실무그룹(Working Group

3)은 배출량 완화, 사회경제 비용 편익분석 등 정책 분야를 담당하고 있다. 각 실무그룹에는 기술지원단(TSU, Technical Support Unit)이 지정되어 있으며, 주요 임무는 실무그룹 주저자 회의 및 IPCC 보고서 초안 작성 및 발간 등을 지원한다. IPCC에 전 세계의 많은 과학자가 참가하여 기후변화 추세 및 원인 규명, 기후변화에 따른 생태학적, 사회경제적 영향평가 및 그에 대한 대응전략을 분석한 평가보고서를 실무그룹별로 발간하고 있다. 발간되는 보고서는 유엔기후변화협약(UNFCCC) 등에 정부 간 협상의 중요한 근거자료로 활용되고 있다. 한국의 이회성 박사는 2015년 부터 6대 의장으로 IPCC를 이끌고 있다. ☞ https://www.ipcc.ch

기후변화협약(United Nations Framework Convention on Climate Change: UNFCCC) : 지구온난화로 인한 재앙을 방지하기 위하여 온실가스의 배출을 감축하는 것을 목적으로 하는 국제협약이다. 기후변화협약은 1992년 6월 브라질 리우데자네이루에서 개최된 유엔환경개발회의에서 160여 개 국가의 서명으로 채택되었으며, 51개국이 가입하여 협약의 발효조건이 충족됨에 따라 1994년 3월 21일 공식 발효되었다. 우리나라는 지난 1993년 12월, 47번째로 기후변화협약에 가입하였다. 전문과 26개 조항으로 구성된 이 협약은 주요 내용으로 가입국의 의무사항, 재정지원, 기술이전, 조직 등이 있다. 기후변화협약의 전문은 기후변화와 이에 따른 피해가 인류의 공동 관심사임을 명시하고 있다. 인간의 사회경제적 활동이 증가함에 따라 대기 중 온실가스의 농도가 급격히 증가하고 있으며, 이로 인하여 온실효과가 가속화되고 있음을 우려하고 있다. ☞ https://unfccc.int

다 영양단계 복합양식(Integrated Multi-Trophic Aquaculture: IMTA) : 생태계의 영양 단계를 모방하여 사료공급형 양식과 추출형 양식을 함께 설계하여 균형을 이루는 양식이다. 사료를 공급하여 기르는 어류(새우)양식장에서 배출되는 부유 유기물은 여과 섭식 자(담치, 굴 등)가 섭식하고, 용존 유기물은 해조 혹은 미세조류가 흡수한다. 침강한 유기물은 퇴적물 식자(해삼, 갯지렁이 등)가 섭식한다. 이로써 단일 종 양식에서 야기되는 자가오염을 줄이는 환경친화 양식법이다.

당사국총회 사이드 이벤트(Conference of Parties: COP) (Side Event) : 기후변화협약 당사국 총회(Conference of Parties: COP)의 공식 사이드 이벤트는 사이드 이벤트와 전시로 구분된다. 사이드 이벤트는 제시한 주제에 대한 전문가의 발표와 토론으로 진행된다. 전시는 1주 혹은 2주간 사이드 이벤트 홀에서 부스를 배정받아 운영한다. 책상, 의자 그리고 전시 모니터가 기본으로 제공된다. 사이드 이벤트는 당사국 및 기타 참가자들이 함께 참여하여 정식 협상에서 의견을 발표할 기회가 제한된 공인된 옵서버 단체에게 지식 공유, 역량 강화, 네트워킹 및 기후변화 대응을 위한 실행 가능한 옵션을 모색하고 주요 이슈를 제기하는 기회를 주는 플랫폼이다. 유엔기구, 옵서버 조직 및 옵서버와 파트너 관계를 맺고 있는 당사국은 핵심 문제에 대한 집중 토론을 하거나 종종 Q&A 세션에서 관심을 끄는 경우가 많다. 일부 참가국 또는 참가 단체에서 독립적으로 공간(파블리온)을 확보하여 독자적으로 사이드 이벤트를 하고 있다. ☞ https://seors.unfccc.int/seors/seors/pdf/UNFCCC_SEORS_user_manual.pdf

르로이 수산식품 회사(Lerøy Seafood Group) : 르로이 수산식품 그룹은 노르웨이 베르겐에 본사를 둔 해산물 생산 및 유통 회사이다. 1800년대 후반부터 베르겐에서 양식한 어류 판매를 시작으로 현재 노르웨이, 스웨덴, 덴마크, 핀란드, 프랑스, 네덜란드, 포르투갈, 스페인 및 터키 등지에 제조 및 가공 공장을 보유하고 있으며, 미국, 일본 및 중국에 영업 사무소를 운영하고 있다. 특히 연어와 송어 양식은 세계에서 두 번째로 큰 규모이다. ☞ https://www.leroyseafood.com

바다식목일 : 바닷속에 해조류 심는 날(5월 10일). 국가기념일이다.
☞ http://www.fira.or.kr

바다의 날 : 해양 국가로서 국제 환경의 변화에 적극적으로 대처하는 능력을 기르고 바다 및 해양 개발의 중요성을 강조하기 위하여 제정한 국가 기념일이며, 신라 시대의 장보고가 청해진을 설치한 5월을 기념하여 정한 날로 5월 31일이다. 바다 관련산업의 중요성과 의의를 높이고 국민의 해양사상을 고취하며, 관계 종사원들의 노고를 위로하는 목적으로 제정되었다. (참고: 세계해양의 날)

배타적 경제 수역(Exclusive Economic Zone: EEZ) : 국제연합 해양법 협약(UNCLOS)에 근거해서 설정되어 경제적인 주권이 미치는 수역이다. 연안국은 유엔 해양법 조약에 근거한 국내법을 제정하는 것으로 자국의 연안으로부터 200 해리(약 370 km)의 범위의 수산자원 및 광물자원 등의 비생물자원의 탐사와 개발에 관한 권리를 얻을 수 있는 대신 자원의 관리나 해양오염 방지의 의무를 진다. 하지만 영해와 달리 영유권이 인정되지 않아 경제 활동의 목적이 없으면 타국의 선박 항해가 가능하다. 통신과 수송을 위한 케이블이나 파이프의 설치도 가능하다.

북태평양해양과학기구(PICES) (North Pacific Marine Science Organization) : 북태평양 지역에서 해양연구를 촉진하고 조정하기 위해 ICES를 모델로 1992년 설립된 국제해양기구이다. 회원국은 한국, 미국, 캐나다, 일본, 중국 및 러시아 등 총 6개국으로 물리 및 기후변동, 생물학, 수산과학, 해양환경자료교환 위원회를 중심으로 해양과학 활동을 수행하고 있다. 북대서양해양과학기구(ICES)에 대응하는 의미로 PICES로 불린다.

산림전용과 황폐화 방지 또는 개도국의 산림전용과 황폐화 방지 및 지속 가능한 산림경영(Reducing Emissions from Deforestation and Forest Degradation plus conservation: REDD+) : 제13차 당사국총회(COP)는 개도국의 산림전용과 산림 황폐화로 인한 배출 감소(REDD+)를 위하여 더 큰 의미가 있는 행동을 취할 시급한 필요성을 확인하였고, 19차 총회에서 당사국총회는 REDD+를 위한 바르샤바 체제를 채택하였다. 2005년부터 시작된 개도국의 산림전용 및 산림 황폐화 방지를 통한 온실가스 감축(REDD+) 협상이 일단락됨으로써 Post-2020 기후체제에서 개도국의 산림관리를 통한 온실가스 감축 활동이 활발하게 추진될 것으로 기대된다.
☞ 탄소흡수원 유지 및 증진에 관한 법률 [시행 2020. 2. 11.] [법률 제16992호, 2020. 2. 11., 일부개정] "산지전용 및 산림황폐화로 인한 배출 감축"(Reduced Emissions from Deforestation and forest Degradation : REDD+)이란 산지전용

및 산림황폐화로 인한 온실가스 배출을 감축하고 산림탄소흡수량을 유지 · 증진하기 위하여 합의한 활동을 말한다.

생물 펌프(Biological Pump) : 해수면으로부터 심해로 탄소 수송을 담당하는 생물 활동 전체의 총칭이다. 표층에서 광합성에 의해 생산된 유기물의 대부분은 호흡 때문에 무기화되지만, 일부는 식물플랑크톤 자신 또는 동물플랑크톤 분립의 침강으로, 또는 동물플랑크톤의 일주 수직 이동 때문에 심해로 수송된다.

세계 해양의 날(World Oceans Day) : 1992년 리우 회의에서 제안한 기념일이며, 6월 8일이다. 유엔에서 2008년 공식적으로 채택하여 세계 기념일이 되었다.
☞ https://worldoceansday.org

연안역 이산화탄소 제거 벨트(Coastal CO_2 Removal Belt: CCRB) : 해조류를 이용한 온실가스 저감 연구는 CCRB 개념을 기반으로 수행하였다. 해양에서 켈프 숲, 감축 및 적응 벨트, 양식장 등은 모두 CCRB이며, 광합성을 통해 이산화탄소를 감축할 수 있다. CCRB는 통상 개념적으로는 모든 연안역 식생이 포함되지만, 실행 정의는 UNFCCC의 흡수원 인증을 받아, 추가로 만들어져야 하며, 검증된 방법으로 Project Design Document (PDD)에 의해 운영된다.

온실가스(Greenhouse gas) : 지구온난화에 영향을 미치는 온실가스는 이산화탄소, 메탄, 아산화질소, 수소불화탄소, 과불화 탄소, 육불화황의 직접 온실가스와 일산화탄소, 질소가스, 비-메탄 휘발성 유기물질의 간접 온실가스로 구분할 수 있으며, 이러한 온실가스들은 국가 경제의 원동력인 산업활동과 우리의 일상생활과 밀접하게 연관되어 배출되고 있다.

완도 국제해조류박람회(Wando International Seaweeds Exhibition) : 2014년에 이어서 두 번째로 열린 행사로 제2회 완도 국제해조류박람회는 전남 완도항과 해변공원에서 2017. 4. 15부터 5. 7까지 24일간 열렸다. 해조류와 첨단과학이 융합된 국가 신성장동력 산업 육성으로 부가가치 창출, 미래식량자원으로서 가치에 대한 국민적 인식 제고 및 전통과 문화적 가치가 살아있는 건강식품 육성을 비전으로 제시하였다. 조류이해관, 바다신비관(주제관), 건강인류관, 지구환경관, 미래자원관, 참여관에서 다양한 체험 및 행사가 열렸으며, 국제 해조류 학술회의, 비즈니스 상담과 미팅, 해조류 산업 시찰 등도 함께 진행되었다.

유네스코정부간해양위원회(IOC)(Intergovernmental Oceanographic Commission, IOC-UNESCO) : 각국의 해양과 자원에 관해 과학적 연구와 조사를 하기 위해 설립된 유네스코 산하의 연구기관으로 세계 해양과학 분야의 최고 의사결정기구이다. 1960년 유네스코 제11차 총회의 결의에 따라 국제적 해양 조사와 연구, 해양오염 감시, 해양 자료 교환을 목적으로 설립됐다. 2011년 현재 139개 회원국을 보유하고 있다. 국제연합 산하 유일의 해양과학 전담 정부 간 기구로서 최근 쟁점이 되는 해양 재해와 기후변화 같은 주요 현안을 다루고 있어, 국제사회에서 해양과 관련된 가장 큰 영향력을 갖고 있다. 총회, 집행위원회, 사무국, 산하 부설기구로 구성됐으며 사무국은 유네스코 본부가 있는 파리에 있다. ☞ http://ioc-unesco.org

적응(adaptation to climate change) : 실제로 발생하거나 앞으로 일어날 수 있는 기후변화와 그로 인한 영향들에 대해(삶의 양식, 제도, 정책 등을) 조정해 가는 과정이다.

조류를 이용한 온실가스 저감 아시아 네트워크(Asian Network for Using Algae as CO_2 Sink) : 아시아태평양조류학회 작업반의 하나로 조류를 활용한 온실가스 흡수원에 대한 정보를 공유하는 자발적인 아시아 조류학자들의 모임이다. 파리협정 이후 2016년 말레이시아 쿠알라룸푸르에서 열린 워크숍에서 신기후체제에 대응하여 '조류를 이용한 감축과 적응 아시아 네트워크(Asian Network of Algae as Mitigation and Adaptation Measures: ANAMAM)'로 명칭 변경이 제안되어 2017년 완도 국제해조류박람회에서 확정되었다.

지구공학(Geoengineering) 또는 기후 공학(Climate Engineering) : 지구공학(또는 기후 공학)은 기후변화에 대응하기 위해(또는 지구온난화를 완화하기 위해) 지구의 기후 시스템에 가하는 의도적 대규모 개입이다. 주로 온실가스 제거와 일사량 관리라는 두 가지 범주에 속한다. 대기로부터 이산화탄소를 제거하는 기술, 우주로 태양 에너지를 반사해 지구를 빠르게 냉각시키는 기술 등이 포함된다. 일부 방법은 타당성과 실현 가능성에 대한 개선이 필요하다.
☞ http://www.chooseclimate.org

지구온난화지수(Global Warming Potentials: GWP) : 온실 가스별로 지구온난화에 이바지하는 정도가 다르며, 일반적으로 이산화탄소를 기준으로 각 가스별 기여 정도를 명시한 것을 지구온난화지수(GWP)라 하고, 각 국가에서는 온실가스 배출량을 산정할 때 가스별 지구온난화지수를 고려한 CO_2 톤 단위로 배출량을 산정하고 있다. 온실가스 지구온난화지수(GWP)에서 이산화탄소를 1로 하여 다른 온실가스의 GWP를 비교한다. 참고로 메탄은 21이다.

카탈리스트(Catalyst) : 호주 ABC 방송국에서 방영하는 유일한 자연과학 기획 연재 프로그램이며, 2003년부터 매주 방영하고 있다.

탄소 포집 및 저장(Carbon Capture and Storage: CCS) : 온실가스(Greenhouse Gas) 저감 대책 및 자원 활용화의 일환으로 이산화탄소를 대량 발생원으로 부터 포집(Capture)한 후, 압축/수송과정(Transportation)을 거쳐 육상 또는 해양 지중에 저장(Storage)하거나 유용한 물질로 전환하는 일련의 과정을 말한다. 2050년까지 세계 온실가스 감축량의 약 20%를 CCS가 담당할 것으로 전망됨에 따라 CCS의 보급 확산 및 수출산업화를 위한 정책 수립 지원을 위하여 우리나라에서는 "한국이산화탄소포집및저장협회(Korea Carbon Capture and Storage Association; KCCSA)"를 2010년 업계와 학계를 중심으로 설립하였다.

탄소배출권 조림사업(Afforestation/Reforestation CDM: A/R CDM) : 교토의정서에 따라 온실가스를 의무적으로 감축해야 하는 국가(부속서 I 국가)가 개도국에 신규조림 및 재조림 사업을 하여 얻게 되는 온실가스 감축분을 부속서 I 국가의 감축 실적으로 인정하는 제도이다. 재조림(再造林)은 자연적 파종 또는 인위적 식수로 조림된 곳이 피해를 받아 나지로 된 곳에 다시 나무를 심는 것을 말한다. 2001년 마라케시 합의문에서는 1989년 12월 31일 이전 기준으로 산림이 아닌 토지에 대한 재조림 사업만을 청정개발체제(CDM) 사업으로 한정한 바 있다.

탄소제로해조마을(Carbon Zero Seaweed Town: CØST) : 해조 솔루션을 적용하여, 해조 양식을 기반으로 감축과 적응을 하고, 실행 가능한 해양 에너지 방안도 활용하여 탄소 방출과 감축의 합이 제로인 사회이다.

토지이용, 토지이용 변화 및 임업(Land, Use Land Use Change Forest: LULUCF) : 토지 이용과 관련된 인간 활동은 육상 생태계와 대기 간의 온실가스 교환에 영향을 미치고 이에 따라 기후변화를 일으킨다. 즉 인간의 토지 이용에 따라 변화하는 온실가스 증감을 나타내는 개념이다. 온실가스를 배출하는 것도 문제이지만, 온실가스를 흡수하는 숲을 개간하는 것도 문제라는 인식이 LULUCF의 시작이다. 1997년 UNFCCC 제3차 당사국총회에서 채택된 교토의정서에서 이 개념이 받아들여졌다. LULUCF에 관한 논의는 계속되어 2007년 발리에서 결의된 발리 로드맵에서 REDD (Reduction Emissions from Deforestation and Forest Degradation)도 결의하였다.
☞ 탄소흡수원 유지 및 증진에 관한 법률 [시행 2020. 2. 11.] [법률 제16992호, 2020. 2. 11., 일부개정] "토지이용, 토지이용 변화 및 임업"이란 국토를 토지이용 목적과 형태에 따라 산림, 농지, 초지, 습지, 주거지, 그 밖의 범주로 구분하여 각 토지이용 범주별 인위적인 활동에 따른 온실가스 흡수량 · 배출량과 토지이용변화에 따른 온실가스 흡수량·배출량을 산출하기 위하여 규정한 정의·방식·규칙을 말한다.

파리협정(Paris Agreement) : 2015년 유엔 기후변화 회의에서 채택된 조약이다. 제23차 기후변화 당사국총회에서 195개국의 만장일치로 폐막일인 2015년 12월 12일 채택되었고, 2016년 11월 4일부터 포괄적으로 적용되는 국제법으로서 효력이 발효되었다. 지구 평균 온도 상승 폭을 산업화 이전 대비 2℃ 이하로 유지하고, 더 나아가 온도 상승 폭을 1.5℃ 이하로 제한하기 위해 함께 노력하기 위한 국제적인 약속이다. 각국은 온실가스 감축 목표를 스스로 정해 국제사회에 약속하고 이 목표를 실천해야 하며, 국제사회는 그 이행에 대해서 공동으로 검증하게 된다. 2017년 6월 미국의 탈퇴 선언에도 불구하고, 여전히 세계 탄소 배출의 87%에 달하는 200여 개 국가가 협정을 이행 중이다.

해양 영구 양식장(Marine Permaculture) : 기후재단(Climate Foundation)에서 기획한 해조(켈프) 양식장으로, 인공 용승작용에 의한 영양염 공급으로 수심 25 m에서 영구적 해조류 양식이 가능한 시설이다.

해양 조림 또는 해양 해조류 조림(Ocean Macroalgal Afforestation: OMA) : 이산화탄소를 흡수하는 거대 해조류의 자연 개체군을 조성하여 대기 중 이산화탄소 농도를 감소시킬 수 있는 잠재력을 가진 해양 조림으로 탄소 중립(Negative Carbon via Ocean Afforestation)을 추구하는 계획이다. 최근 벨로나 재단과 르로이 수산회사에서 이와 비슷한 프로젝트를 수행하고 있다. ☞ https://doi.org/10.1016/j.psep.2012.10.008

해양공간계획(Marine Spatial Planning: MSP) : 해양공간의 지속 가능한 이용·개발 및 보전에 관한 계획의 수립 및 집행 등에 필요한 사항을 정하여 공공복리를 증진하고 해양을 풍요로운 삶의 터전으로 조성하는 것이다. ☞ http://www.law.go.kr/법령/해양공간계획및관리에관한법률시행령/(29692,20190416)

해양생물개체수조사(Census of Marine Life: CoML) : 전 세계 80여 개국 2,700여 명의 해양생물학자가 참여하여 2001년부터 2010년까지 10년 동안 해양생물의 다양성과 분포와 풍(부)도를 알기 위해 진행된 국제적인 연구 프로그램이다.

해조 솔루션(Seaweed Solution) : 해조류를 활용하여 기후변화 문제를 해결하는 감축 및 적응 방안이다.

해조 탄소 포집, 활용과 심해 저장(Seaweed Carbon Capture, Utilization and Sink: Seaweed CCUS) : 해양의 생물 펌프 과정에서 해조류 양식을 통해 생산한 생물량을 활용하고, 최종 생산된 유기 탄소를 심해로 침강시켜 심해저에 저장한 탄소가 대기중으로 방출될 때까지 심해 순환 과정 속에 흡수되어 최소한 500년 이상 저장하는 온실가스 감축 방법이다.

해조 펄프와 종이 : 홍조류 우뭇가사리로 펄프와 종이를 만들 수 있다. ㈜페가서스 인터내셔널사 유학철 대표가 '홍조류를 이용한 펄프의 제조방법 및 이를 이용한 종이의 제조방법(KR101547101B1)'으로 특허를 등록하였다.

7

참고 문헌

Chung IK, Oak JH, Lee JA, Shin JA, Kim JG, Park KS (2013) Installing kelp forests/seaweed beds for mitigation and adaptation against global warming: Korean Project Overview. ICES Journal of Marine Science 70: 1038-1044.

FAO (2012) The Farming of Seaweed. http://www.fao.org/3/a-bl759e.pdf

FAO (2018) The global status of seaweed production, trade and utilization, by Ferdouse F, Yang Z, Holdt SL, Murúa R, Smith R, FAO Consultants. Globefish Research Programme. Volume 124. Rome, Italy.

Littler MM (1980) Morphological form and photosynthetic performances of marine macroalgae: tests of a functional/form hypothesis. Botanica Marina 22: 161-165.

Littler MM, Littler DS (1980) The evolution of thallus form and survival strategies in benthic marine macroalgae: field and laboratory tests of a functional form model. The American Naturalist 116: 25-44.

농림수산식품부 (2012) 해조류 바이오매스의 에너지화 및 통합적 활용 기반구축 연구 (총괄연구책임자 우희철)

오윤식, 이인규, 부성민 (1990) 한국산 유용해조 특히 식용, 약용 및 공업용 해조에 대한 주해. 조류학회지 5: 57-71.

이용필, 강서영 (2002) 한국산 해조류의 목록. 제주대학교 출판부. 662 pp.

이인규, 강제원 (1986) 한국산 해조류의 목록. 조류학회지 1: 311- 325.

이인규 등 공역 조류생물학 월드사이언스 (2003)

한국환경정책평가연구원 (2011) 해조류를 이용한 바이오 연료의 환경친화적 적용을 위한 기초연구 조지혜 이희선 KEI Working paper 2011-05.

한국해양수산개발원 2009 해조류 바이오 산업화를 위한 전략 및 정책 방향 정책연구 2009-13.

※ 누리집 정보

국가통계포털 어업생산통계 http://kosis.kr/search/search.do?query=어업생산

국립수산과학원 www.nifs.go.kr

블루카본 https://en.wikipedia.org/wiki/Blue_carbon

수산자원관리공단 www.fira.or.kr

유엔식량농업기구 www.fao.org

카탈리스트 https://en.wikipedia.org/wiki/Catalyst_(TV_program)

해양수산부 www.mof.go.kr

부산대학교 교양총서 시리즈

알짜배기 자연과학 2

해조류 바다숲과 기후변화 - 해조가 답이다.

초판 1쇄 인쇄	2021년 4월 19일
초판 2쇄 발행	2023년 2월 27일
지은이	정 익 교
디자인	배 영 미
펴낸이	차 정 인
펴낸곳	부산대학교 출판문화원
등록	제1983-000001호 1983. 11. 10.
주소	부산광역시 금정구 부산대학로 63번길2(장전동)
전화	(051) 510-1932~3
전송	(051) 512-7812

정가 8,000원

ISBN 978 - 89 - 7316 - 707 - 4 04400
978 - 89 - 7316 - 636 - 7 (SET)